U0246973

优秀技术工人
百工百法丛书

李辉
工作法

用试验电压检测变电站一、二次设备交流回路整体组合工况

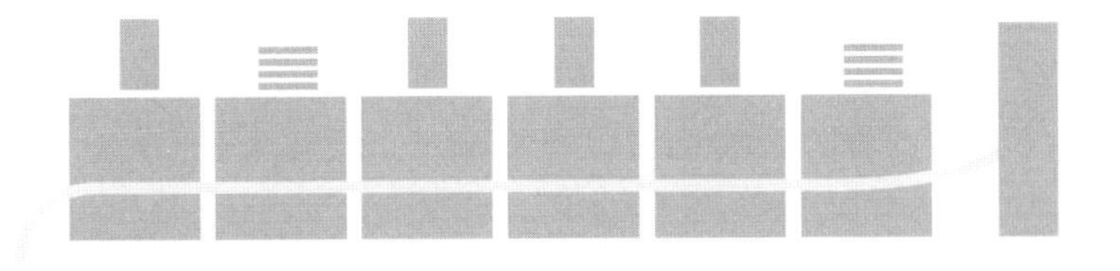

中华全国总工会 组织编写

李 辉 著

中国工人出版社

技术工人队伍是支撑中国制造、中国创造的重要力量。我国工人阶级和广大劳动群众要大力弘扬劳模精神、劳动精神、工匠精神，适应当今世界科技革命和产业变革的需要，勤学苦练、深入钻研，勇于创新、敢为人先，不断提高技术技能水平，为推动高质量发展、实施制造强国战略、全面建设社会主义现代化国家贡献智慧和力量。

——习近平致首届大国工匠创新交流大会的贺信

优秀技术工人百工百法丛书

编委会

优秀技术工人百工百法丛书

能源化学地质卷

编委会

序

党的二十大擘画了全面建设社会主义现代化国家、全面推进中华民族伟大复兴的宏伟蓝图。要把宏伟蓝图变成美好现实，根本上要靠包括工人阶级在内的全体人民的劳动、创造、奉献，高质量发展更离不开一支高素质的技术工人队伍。

党中央高度重视弘扬工匠精神和培养大国工匠。习近平总书记专门致信祝贺首届大国工匠创新交流大会，特别强调“技术工人队伍是支撑中国制造、中国创造的重要力量”，要求工人阶级和广大劳动群众要“适应当今世界科技革命和产业变革的需要，勤学苦练、深入钻研，勇于创新、敢为人先，不断提高技术技能水平”。这些亲切关怀和殷殷厚望，激励鼓舞着亿万职工群众弘扬劳模精神、劳动精神、工匠精神，奋进新征程、建功新时代。

近年来，全国各级工会认真学习贯彻习近平总书记关于工人阶级和工会工作的重要论述，特别是关于产业工人队伍建设改革的重要指示和致首届大国工匠创新交流大会贺信的精神，进一步加大工匠技能人才的培养选树力度，叫响做实大国工匠品牌，不断提高广大职工的技术技能水平。以大国工匠为代表的一大批杰出技术工人，聚焦重大战略、重大工程、重大项目、重点产业，通过生产实践和技术创新活动，总结出先进的技能技法，产生了巨大的经济效益和社会效益。

深化群众性技术创新活动，开展先进操作

法总结、命名和推广，是《新时期产业工人队伍建设改革方案》的主要举措。为落实全国总工会党组书记处的指示和要求，中国工人出版社和各全国产业工会、地方工会合作，精心推出“优秀技术工人百工百法丛书”，在全国范围内总结100种以工匠命名的解决生产一线现场问题的先进工作法，同时运用现代信息技术手段，同步生产视频课程、线上题库、工匠专区、元宇宙工匠创新工作室等数字知识产品。这是尊重技术工人首创精神的重要体现，是工会提高职工技能素质和创新能力的有力做法，必将带动各级工会先进操作法总结、命名和推广工作形成热潮。

此次入选“优秀技术工人百工百法丛书”作者群体的工匠人才，都是全国各行各业的杰出技术工人代表。他们总结自己的技能、技法和创新方法，著书立说、宣传推广，能让更多人看到技术工人创造的经济社会价值，带动更多产业工人积极提高自身技术技能水平，更好地助力高质量发展。中小微企业对工匠人才的孵化培育能力要弱于大型企业，对技术技能的渴求更为迫切。优秀技术工人工作法的出版，以及相关数字衍生知识服务产品的推广，将对中小微企业的技术进步与快速发展起到推动作用。

当前，产业转型正日趋加快，广大职工对于技术技能水平提升的需求日益迫切。为职工群众创造更多学习最新技术技能的机会和条件，传播普及高效解决生产一线现场问题的工法、技法和创新方法，充分发挥工匠人才的“传帮带”作用，工会组织责无旁贷。希望各地工会能够总结命名推广更多大国工匠和优秀技术工人的先进工作法，培养更多适应经济结构优化和产业转型升级需求的高技能人才，为加快建设一支知识型、技术型、创新型劳动者大军发挥重要作用。

中华全国总工会兼职副主席、大国工匠

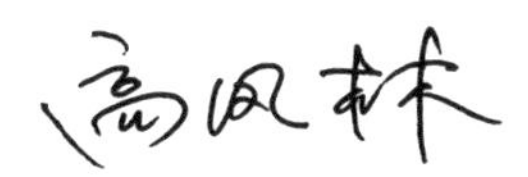

作者简介
About The Author

李 辉

1971 年出生，南方电网云南昆明供电局继电保护员，特级技师，曾获“2023 年大国工匠年度人物”“中华技能大奖”“全国劳动模范”“中央企业先进职工”“电力行业技能人才培育突出贡献奖”等荣誉。牵头开展各类大修技改 1000 余项，完成 37 座变电站综合自动化改造，排除 15 项电网安全重大隐患。

他带领团队成功研发“不停电自动快速调电装置”，填补了国内无专用快速调电装置的技术空白；成功研发“智能矢量测量分析仪”，实现了32路电气量同步测量；组织研发“多路式荧光光纤智能温度测量及控制系统”，打破外国对大型电力变压器测温技术的垄断；创新采用变频信号注入法，实现不停电区分电流互感器二次绕组组别，实现原创性技术突破。

他注重推广应用新技术解决生产实际问题，依托技能大师工作室、劳模创新工作室平台先后完成技术攻关60余项，主导制定2项国家标准，解决1项国际性技术难题，拥有6项行业首创技术，取得50项国家专利，实施转化26项创新成果，为企业创造经济效益4000余万元。他直接培养的21名徒弟中走出了2名云南省技术能手、13名技术技能专家、14名班组长。

学习、思考、劳动、创新最快乐！

李辉

目　　录
Contents

引　　言
Introduction

随着我国深化产业工人队伍建设改革的持续推进，产业工人队伍的构成发生了重大变化，涌现出一批又一批高素质技能人才。他们爱岗敬业、追求卓越，创新能力得到前所未有的提高，不但能够出色地完成生产任务，还能够结合实际工作中遇到的问题开展卓有成效的技术攻关。

在电力生产的长期实践中，一线专业技能人员不断学习新技术、掌握新技能，通过不断地探索形成了很多实用、好用的工作方法。这些工作方法结合电力专业的理论知识，经过大量的应用、改进，对促进安全生产、提高工作效率、降低生产成本发挥了重要作用。

本书阐述的是作者从事电力工作30多年来总结提炼的工作法。为了开拓此工作法的应用范围，作者带领团队自主研发了“智能矢量测量分析仪”，将当代常用“相位伏安测试仪表”测量电压、电流及相位差角的能力提高了数倍。

第一讲

工作法概述

一、背景简介

在电力生产中，一次设备承载高电压、大电流，电压互感器、电流互感器将一次设备的高电压、大电流转换成低电压、小电流，用于二次设备对一次设备的检测、控制、保护、计量。

新安装或经技术改造的一次设备及其相关二次设备都要经试验、调试合格后才能投入电力系统中运行。在试验、调试过程中一、二次专业人员有明确的分界点，例如电压互感器、电流互感器，一次专业人员负责到电压互感器、电流互感器的二次侧输出接线柱，二次专业人员负责二次回路接线柱以外的所有二次回路。互感器接线柱上的拆、接线工作原则是谁拆线谁接线，例如一次专业人员要对互感器进行电气试验，则由电气试验人员完成互感器二次回路接线柱上的拆线工作。待试验工作结束后，再由电气试验人员恢复二次接线。如果继电保护专业人员要在二次回路开展升压、升流试验，则由继电保护专业人员负责拆、接线工作。

这种工作方式有可能导致电压互感器短路、电流互感器开路、互感器极性端接线错误、变比选用错误、一次设备和二次设备相序接错等问题的发生。虽然设备投入电网试运行后经电气量测试可以发现错误，但往往导致设备反复停电改线，特别是电流互感器的二次回路开路产生的高电压对于人身、设备造成了严重威胁。由于主变压器中性点零序电流互感器、接地选线用互感器正常运行时零序电流很小，即便带上系统电压也可能无法测量、判断，这就使这一部分电流互感器二次回路接线错误的隐患很难被发现。由于系统负荷的对称性，电流回路的共用线开路也难以被发现，往往只有在发生接地故障保护装置拒动时才暴露出来。

综上所述，有必要找到一种测试方法，在

一、二次设备进入电网试运行之前就对一、二次设备整体组合工况进行一次全面的检测，发现并排除其中的隐患，从而确保电力系统安全稳定运行。

二、工作法简介

在新安装或经技术改造的一、二次设备投入电力系统之前，使用变电站内 0.4kV 站用电源在一次设备上加入电压，检查相关的检测、保护、计量等二次设备上的试验电压、电流，并测量它们之间的相位关系，以全面检测一、二次设备整体组合在一起的工作状况。

本工作法利用变压器的短路试验电流，可对 500kV 及以下线路、主变压器、母线等多个单元进行全面检测。500kV 及以下公用电压互感器二次回路在一次加入 0.4kV 试验电压后，也可利用其二次产生的低电压测量、判断其一、二次整体组合工况。对于几组电压互感器，同样可以精准判断其相序、同期并列、开口三角零序电压回路接线的正确性。对于运行变电站中完成技改准备投入运行的设备，在投运前也可以在做好相关二次回路隔离措施的情况下，进行安全且全面的检测。

本工作法使用的调试设备少、操作简单，只需 1 套电源低压断路器、1 根 4 芯试验电缆、1 组专用接地线、1 块高精度相位伏安表或者电气量同步测量分析仪，即可完成站内交流二次回路的工况检测、分析、判断。此工作法虽然不能代替高压设备投入电力系统后的最终测量工作，但可以提前发现二次回路隐患，避免主变压器保护装置二次回路接线错误导致的无效冲击试验，降低电气设备第一次带上系统负载时的风险，对确保一次性送电成功具有重要意义。

第二讲

工作法原理

本工作法利用变压器在试验电压下的短路电流穿过母线、变压器等电气设备，进而完成电流互感器的二次回路接线检查。利用试验电压在电压互感器的二次回路上产生的试验电压完成电压回路的检查，同时检测相关回路的电压量与电流量之间的相位差，进而判断相关电流互感器、电压互感器的极性、变比、相别等是否正确。

一、电流回路测试原理

试验电流的产生来自站内主变压器，试验必须根据变压器上的铭牌参数进行估算，例如 1 台 110kV 变压器的参数如下：

型号：SFZ8-50000/110

联结组标号：YNd11

高压侧额定电压：110kV

低压侧额定电压：10kV

短路阻抗：高压—低压 17.92%

110kV 侧电流互感器变比：n_1=300/5=60

10kV 侧电流互感器变比：n_2=3000/5=600

为了便于理解，我们只考虑高、低压侧，中性点零序电流仅有 1 组电流互感器，各电气量的参考方向如图 1 所示，图中将变压器 10kV 侧短路并接地，从 110kV 侧输入 0.4kV 电压。

首先计算变压器高压侧一次电流有效值：

$$I_{A1}=I_{B1}=I_{C1}=\frac{I_e\times U_{sy}}{U_e\times U_{dl}}=\frac{\dfrac{50000}{\sqrt{3}\times 110}\times 400}{110000\times\dfrac{17.92}{100}}\approx 5.33(\text{A})$$

说明：U_{sy} 为试验电压，U_{dl} 为变压器短路阻抗。

则低压侧一次电流有效值：

$$I_{a1}=I_{b1}=I_{c1}=I_{A1}\frac{U_H}{U_L}=5.33\times\frac{110}{10}\approx 58.63(\text{A})$$

相应 110kV 侧二次设备中的电流有效值：

$$I_{A2}=I_{B2}=I_{C2}=\frac{I_{A1}}{n_1}=\frac{5.33}{60}\approx 0.089(\text{A})$$

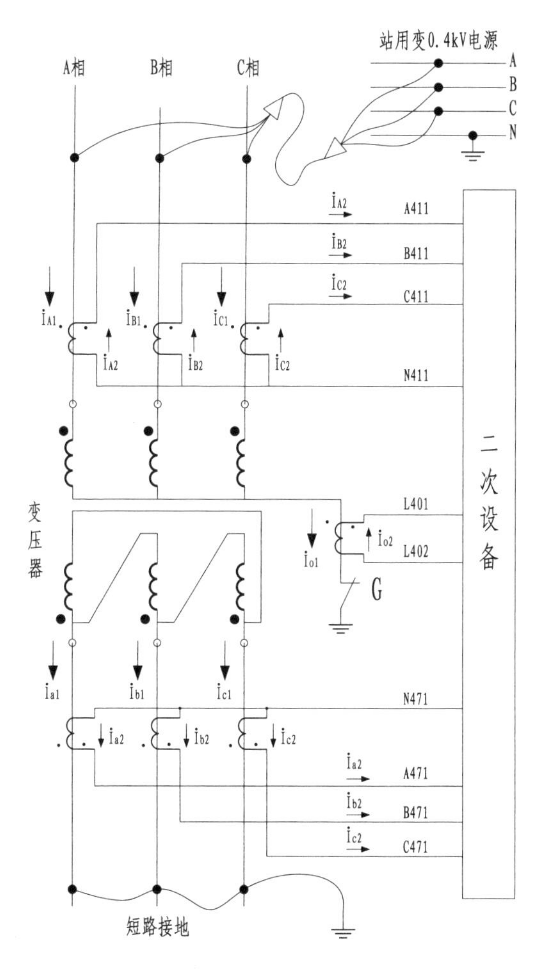

图1　试验电流产生原理图

相应 10kV 侧二次设备中的电流有效值：

$$I_{a2}=I_{b2}=I_{c2}=\frac{I_{a1}}{n_2}=\frac{58.63}{600}=0.098\,(\mathrm{A})$$

在接线正确的情况下，变压器各相量计算值见表1，以110kV侧二次回路电流I_{A2}为基准完成测量，表1中相位差角为各电气量滞后I_{A2}的角度，测试仪表以流入二次设备为参考方向。实际测试工作受试验电压、一次导体阻抗影响，会有一定偏差。

表1　电流互感器二次电流理论计算表

电压等级	电流互感器二次回路相量	电流互感器变比	电流有效值（A）	相位差角（°）
110kV 侧	A411	300/5	0.089	0
	B411		0.089	120
	C411		0.089	240
	N411		0.000	/
10kV 侧	A471	3000/5	0.098	150
	B471		0.098	270
	C471		0.098	30
	N471		0.000	/

根据图1中标注的电流量参考方向进行相量分析，如图2所示。

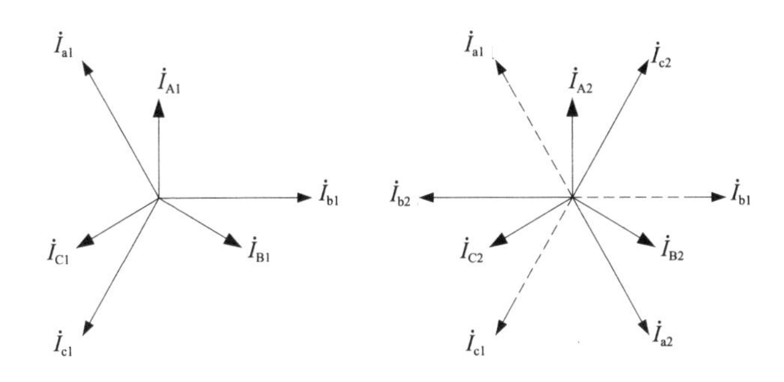

（a）高、低压侧一次电流相量图　　（b）电流互感器二次电流相量图

图 2　电流互感器一、二次电流相量图

二、电压回路测试原理

与电压互感器不同，电流互感器的小电流测量精度（变比误差、相角误差）早已为大家所知，即便是在很小的电流下，都能保持较高的精度。而电压互感器一般工作在额定电压下，对于 0.4kV 电压的传变能力大家很少关注。为了检验其传变能力，我们对电压互感器进行了实测（表 2）。

电容式电压互感器铭牌参数如下：

型号：TYD110/ $\sqrt{3}$ kV−0.02H

额定一次电压：U_{pr}110/ $\sqrt{3}$ kV

laln 100/ $\sqrt{3}$V 50VA0.2 级

2a2n 100/ $\sqrt{3}$ V 75VA 3P 级

3a3n 100/ $\sqrt{3}$V 75VA0.2级

dadn 100V 75VA 3P 级

表 2　电压互感器一次输入试验电压二次电压实际数据表

序号	一次侧电压（V）	一次侧电压相位（°）	二次绕组编号	二次绕组电压（V）	二次绕组电压相位（°）	备注
1	237.5	0	1a1n	0.221	359	滞后一次电压角度
2	236.7	0	2a2n	0.219	358	滞后一次电压角度
3	238.0	0	3a3n	0.221	0	滞后一次电压角度
4	237.6	0	dadn	0.381	359	滞后一次电压角度

实际测量数据表明在此测试条件下，电压互感器的变比误差很小，通过表 2 中序号 4 的数据

可以明确看出它是dadn绕组，相角误差远小于7°。由此可见电压互感器在0.4kV站用电压下可以用于试验。

图3描述了电压互感器一、二次绕组接线关系；图4描述了电压互感器二次绕组引出线经电压重动装置后形成电压小母线的接线原理。实际测试接线中，将站用0.4kV试验电压经3个单极空气开关1SZK、2SZK、3SZK分别接入电压互感器高压侧，如图5所示。测量图中各关键点电压有效值，根据检测结果得出各电压相量间关系，即可掌握电压互感器的一、二次绕组及其相关二次回路的整体组合工况。相对于带上系统电压检测，本工作法的优点在于试验时可以方便断开试验电源1SZK、2SZK、3SZK中任意一个空气开关，使电压互感器从一次失压即可检测出开口三角回路接线是否正确，这在电压互感器带上系统电压后是难以做到的。

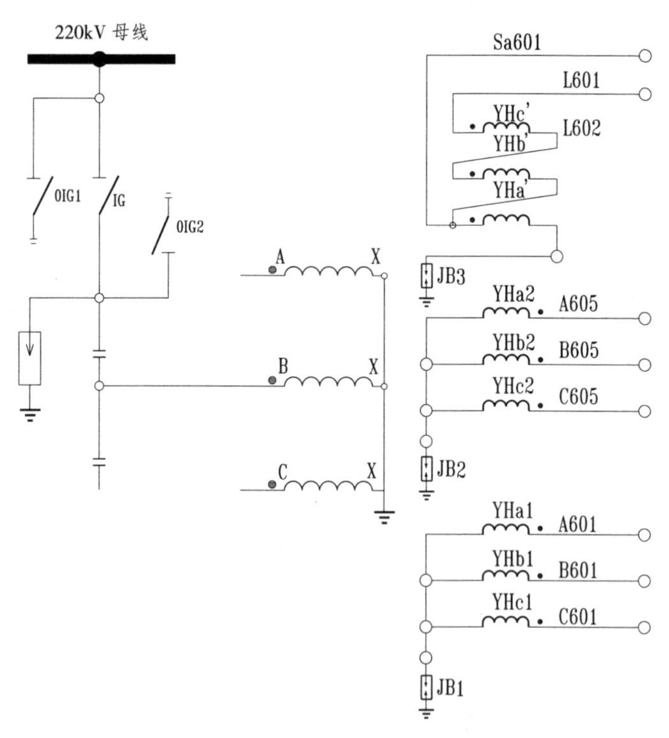

图 3 电压互感器一、二次绕组接线图

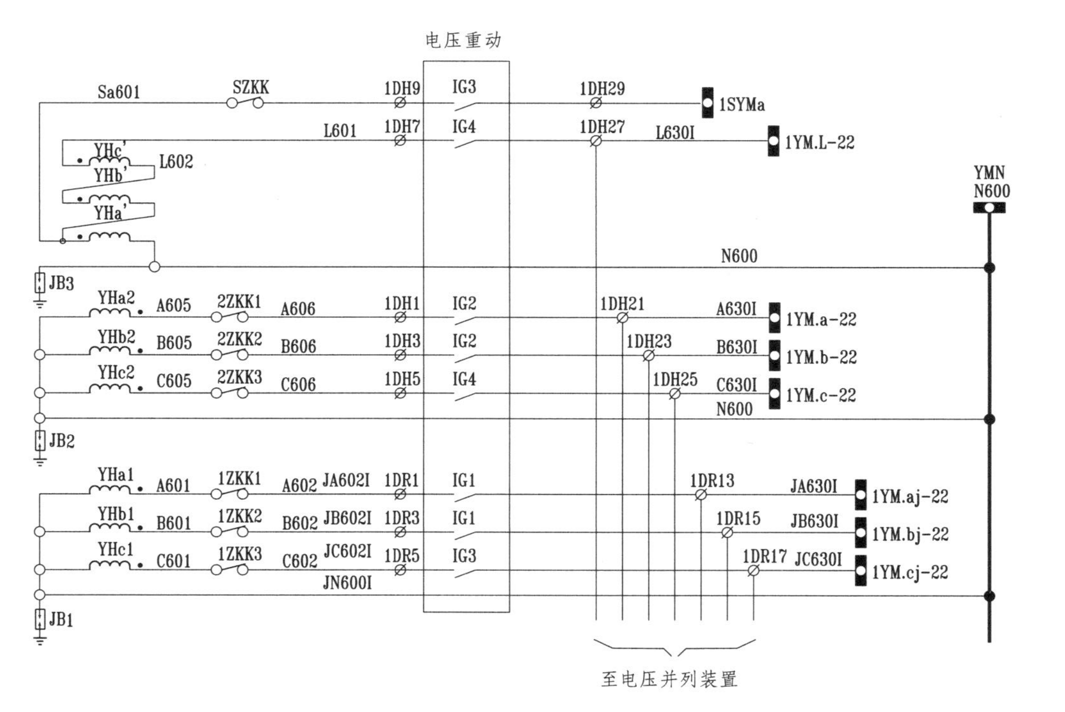

图 4　电压互感器二次回路原理图

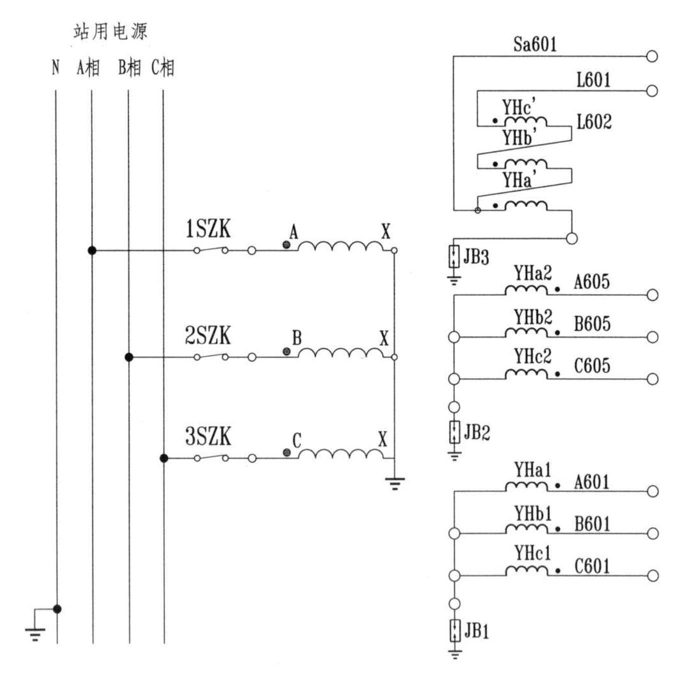

图 5　电压互感器一、二次绕组整体组合工况试验接线图

在电压互感器一次侧输入 400V 电压，在二次回路中产生的线电压理论计算值为：

额定电压 110kV 电压互感器：

$$U_{ec}=\frac{U_{sy}}{n_b}=\frac{U_{sy}}{\dfrac{U_{1e}}{U_{2e}}}=\frac{400}{\dfrac{110}{0.1}}\approx 0.364\ (\mathrm{V})$$

额定电压 220kV 电压互感器：

$$U_{ec}=\frac{U_{sy}}{n_b}=\frac{U_{sy}}{\dfrac{U_{1e}}{U_{2e}}}=\frac{400}{\dfrac{220}{0.1}}\approx 0.182\ (\mathrm{V})$$

额定电压 500kV 电压互感器：

$$U_{ec}=\frac{U_{sy}}{n_b}=\frac{U_{sy}}{\dfrac{U_{1e}}{U_{2e}}}=\frac{400}{\dfrac{500}{0.1}}=0.080\ (\mathrm{V})$$

上面是对于电压互感器一、二次绕组传变电压量有效值的计算。在一次电压只有 0.4kV 的情况下，二次绕组电压输出不到 1V，直接测量各电压相量间相位关系的常用测量仪表难以完成测量，故本工作法通过检测二次绕组电压有效值进而推测出各电压相量间相位关系，以达到分析、判断的目的。如有条件，也可直接使用满足量限的测量仪表完成测量则效率更高。

实际检测中需根据图 4、图 5 检测各电压相量关系的正确性。

电压互感器参数如下：

$$\mathrm{TYD4}-220/\sqrt{3}\mathrm{kV}-0.01\mathrm{H}\,\frac{220}{\sqrt{3}}\Big/\frac{0.1}{\sqrt{3}}\Big/0.1\mathrm{kV}$$

在电压互感器高压侧加载电压 380V，完成检测。

合上试验电压空气开关 1SZK，使 220kV A 相电压互感器一次带电，首先测量 $U_{Sa601-N600}$、$U_{A605-N600}$ 回路电压，然后测量 $U_{Sa601-A605}$ 回路电压。

$U_{\mathrm{Sa601-N600}} \approx 0.173\mathrm{V}$

$U_{\mathrm{A605-N600}} \approx 0.099\mathrm{V}$

$U_{\mathrm{Sa601-A605}} \approx 0.074\mathrm{V}$

检测完成后分别断开试验电压空气开关

1SZK，合上试验电压空气开关 2SZK，使 110kV B 相电压互感器一次带电完成检测。最后断开试验电压空气开关 2SZK，合上试验电压空气开关 3SZK，使 110kV C 相电压互感器一次带电完成检测，数据关系同 A 相，此处不再赘述。其相量关系见图 6。

完成上述测量后将试验电压空气开关 1SZK、2SZK、3SZK 全部合上，使电压互感器三相全部带上电压，根据图 7 完成以下检测。

（1）星形接线绕组电压测量

$U_{A605-N600} \approx 0.099V$

$U_{B605-N600} \approx 0.099V$

$U_{C605-B600} \approx 0.099V$

$U_{A605-B605} \approx 0.172V$

$U_{B605-C605} \approx 0.172V$

$U_{C605-A605} \approx 0.172V$

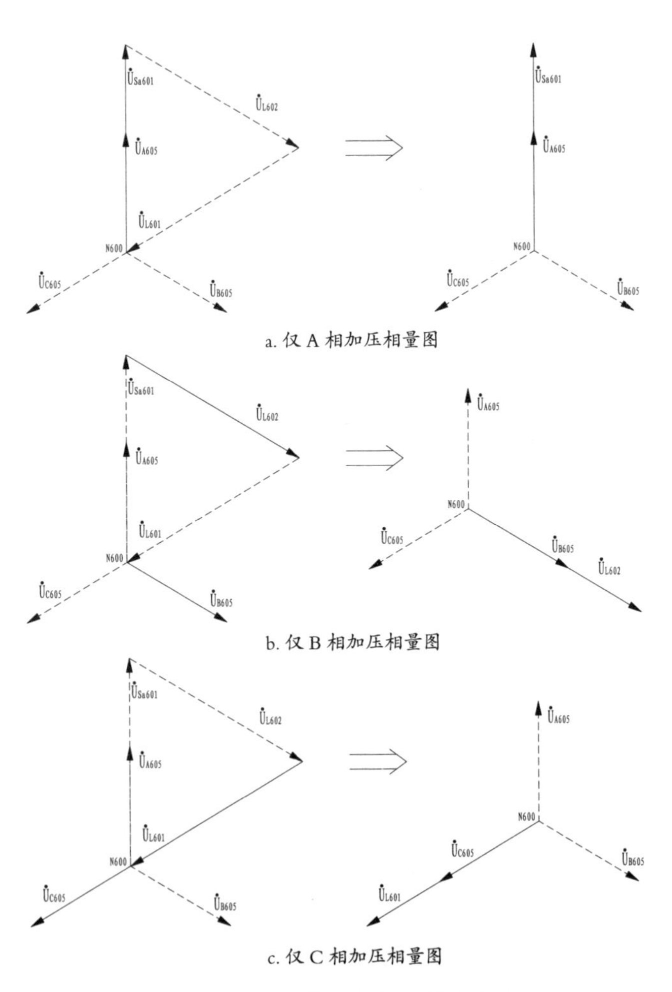

图 6　电压互感器分相测量相量图

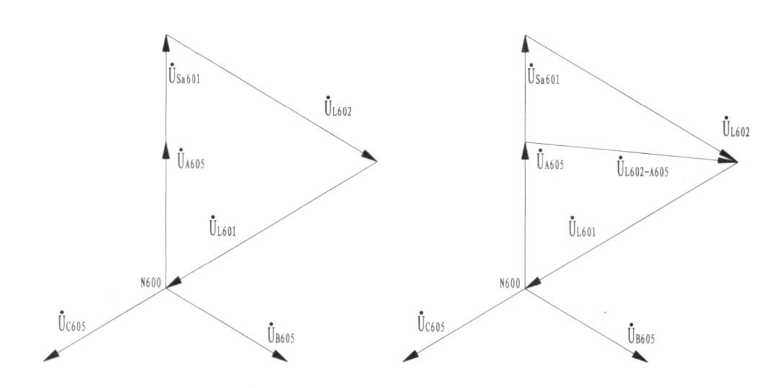

图 7　电压互感器三相同时带电检测相量图

（2）开口三角绕组电压测量

$U_{Sa601-N600} \approx 0.173V$

$U_{L602-Sa601} \approx 0.173V$

$U_{L601-L602} \approx 0.173V$

（3）星形接线绕组与开口三角绕组配合测量判断相位差

电压互感器各绕组联结方式如图 4 所示，根据图 7 中的电压关系进行测量及判断。首先测量电压 $U_{Sa601-A605}$，以判断开口三角回路中 YHa 绕组接线的正确性。

$U_{Sa601-A605} \approx 0.074V$

在此基础上根据余弦定理估算出电压 $U_{L602-A605}$，并通过实际测量以判断开口三角回路中 YHb 绕组接线的正确性。

$$U_{L602-A605} = \sqrt{U^2_{Sa601-A605} + U^2_{L602-Sa601} - 2U_{Sa601-A605} \times U_{L602-Sa601} \times COS60°}$$
$$= \sqrt{0.074^2 + 0.173^2 - 2 \times 0.074 \times 0.173 \times 0.5}$$
$$\approx 0.150V$$

最后测量电压 $U_{C605-L602}$，以判断开口三角回路中 YHc 绕组接线的正确性，其电压值应接近下式值。

$U_{C605-L602} \approx 0.272V$

实际测量值如与估算值误差超过 ±10%，则应找出问题存在的原因，排除后再次测量。

三、整体组合测试原理

了解电流回路和电压回路的一、二次整体工况测试方法之后，还需要将一、二次电流回路和一、二次电压回路作为一个整体进行综合分析，进而掌握全面的工况。图 8 是对一座变电站接线情况进行简化的变电站一次设备接线图，原变电站有多条 220kV、110kV 出线，为了便于说明测试原理，仅保留 2 条 220kV 线路、2 条 110kV 线路、母线电压互感器等公用设备，相关的接地开关没有在图中画出。

本工作法以全站设备新安装完毕、试验工作结束、处于待投产状态为前提。在实际工作中整体安装完一个变电站再投产的情况不多见，常见的建设投产顺序多为先投运一台主变压器，再投运另外一台变压器。本工作法为了便于专业人员理解，没有按正常运行模式进行讲述。实际检测工作中情况较为复杂，特别是部分设备已带有系统高电压，给检测工作带来了安全风险。这需要专业人员在掌握工作法的基本原理后结合现场实际情况，制订试验方案，严控风险。只有将待测系统与运行系统界面分清楚，做好控制措施确保

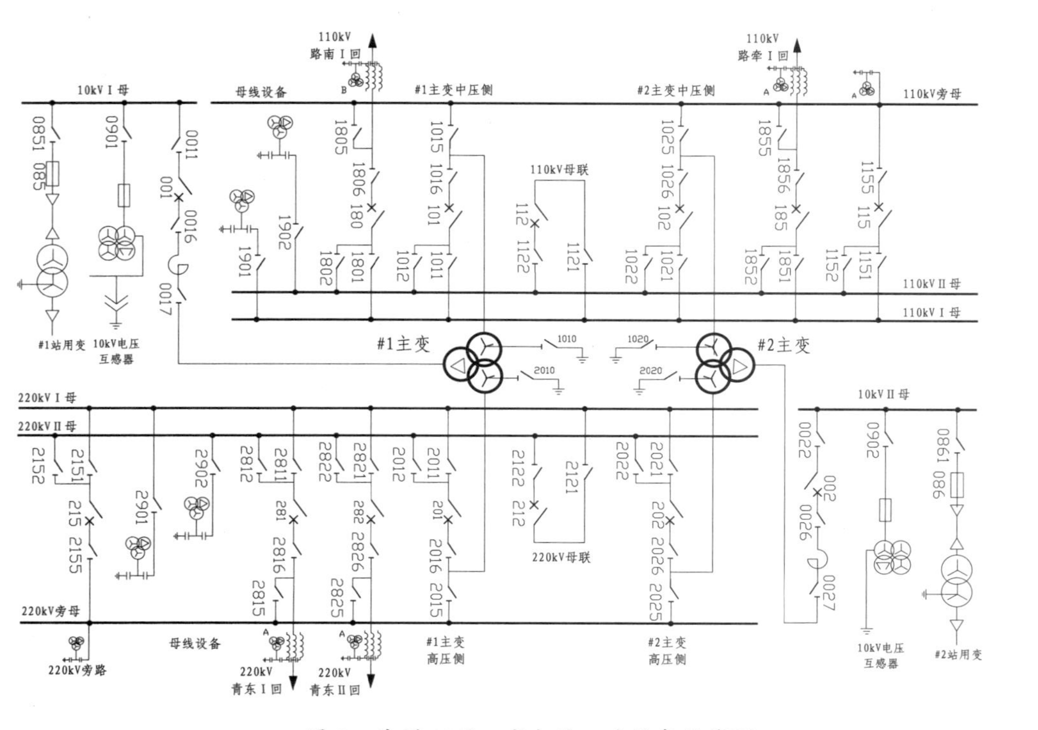

图 8 典型 220kV 变电站一次设备接线图

工作安全后，才能开展检测工作。

根据变电站一次接线实际情况，针对需要检测的设备，选择合适的试验电压加载地点、人工短路接地线安装位置。分合相关断路器、隔离开关、接地开关等一次设备，使相关一次设备带上试验电压、流过试验电流，同时检测相关联的一、二次设备所感受到的试验电压、电流与计算预期值是否相符，进而判断站内一、二次设备整体组合工况是否良好。

1. 电压回路一、二次设备整体组合检测

除线路电压互感器外，交流电压二次回路多为公用。在测试工作中多以电压回路电气量为基准，完成电流回路的电气量检测，其中最主要的是检测、分析交流电压量与交流电流量的相位关系，以判断电流互感器极性端选用的正确性。因此，需要首先对全变电站公用交流电压回路进行检测，以保证公用回路的正确性，为后面的线

路、主变压器、母线等单元的电压、电流回路测试工作打下基础。

现场测试工作开始前，必须对站内一次设备接线情况进行全面掌握，如图 9 所示。选择 220kV 青东Ⅰ回线输入由站用变压器提供的试验电压，合上 220kV2816 隔离开关、2811 隔离开关、2812 隔离开关、281 断路器，使 220kV Ⅰ段母线、220kV Ⅱ段母线带上试验电压。合上 220kV Ⅰ段母线电压互感器 2901 隔离开关，合上 220kV Ⅱ段母线电压互感器 2902 隔离开关，使 220kV Ⅰ段母线电压互感器、220kV Ⅱ段母线电压互感器带上试验电压。合上 220kV 青东Ⅱ回线Ⅱ段母线 2822 隔离开关、线路侧 2826 隔离开关、282 断路器，将 220kV Ⅱ段母线试验电压送到 220kV 青东Ⅱ回线电压互感器。合上 220kV 旁路 220kV Ⅰ段母线 2151 隔离开关、220kV 旁路母线侧 2155 隔离开关、220kV 旁路 215 断路器，

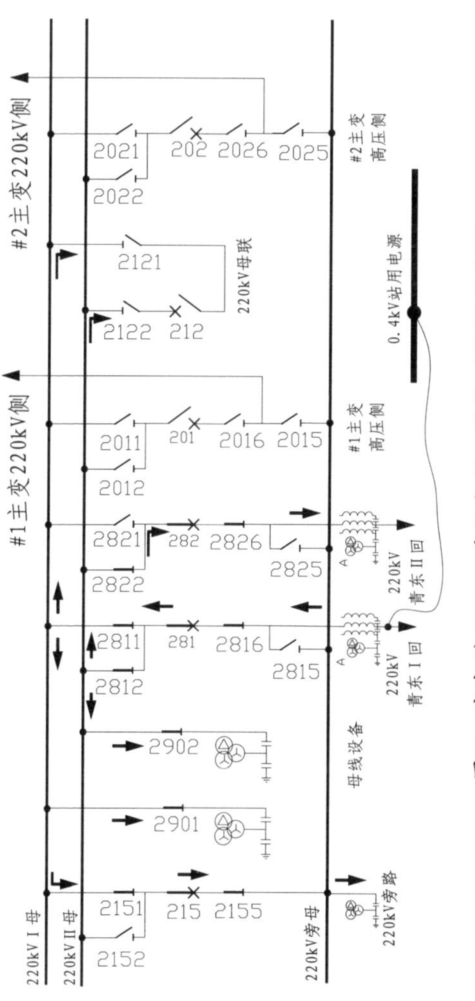

图9　变电站220kV系统电压回路检测接线示意图

使220kV旁路母线电压互感器带上试验电压。按以上操作220kV系统导体及电压互感器已全部带上试验电压，专业人员即可在电压互感器二次侧完成二次公用交流电压回路测量、分析工作。主变压器220kV侧设备可暂不操作，在主变压器高压侧二次交流电压回路检测时配合电压切换装置功能检查进行。220kV母联断路器及两侧隔离开关也暂不操作，可在检测二次电压并列装置时配合操作。

以上内容旨在说明试验接线需求，现场可根据实际情况进行操作。在试验接线前一定要与运行、调度部门确定相关线路上的工作情况，确保线路上无人工作，无突然来电可能。如线路必须接地，可将线路电压互感器一次引流线拆断后单独进行线路电压互感器检测，试验电压接入点也可选择在2816隔离开关与线路电压互感器之间的导体上。

2. 电流回路一、二次设备整体组合检测

系统电压回路检测完毕后可开展电流回路检测，本工作法推荐利用变压器中、低压侧分别接地短路的方法开展检测工作。接线原理如图 10 和图 11 所示。从图中可以看出试验电流的流向，改变不同的试验电压加载点或短路接地线的短路接地点，操作相关联的隔离开关、断路器，可使试验电流流过待检测的 220kV、110kV、10kV 设备，进而完成一、二次设备组合工况检测。

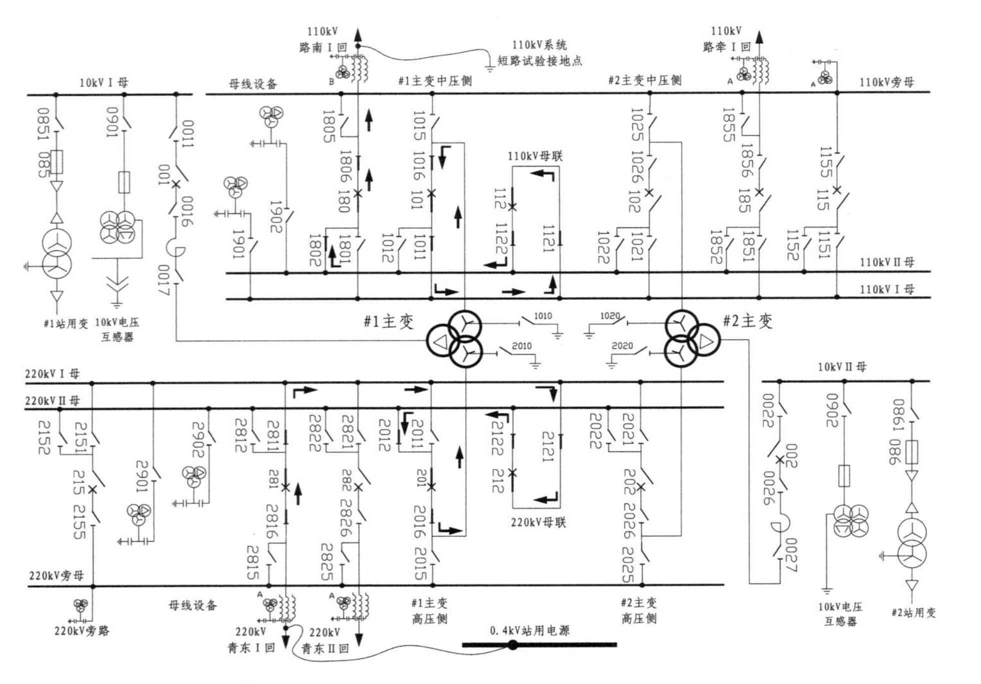

图 10 试验电流穿过 220kV–110kV 系统待检测设备示意图

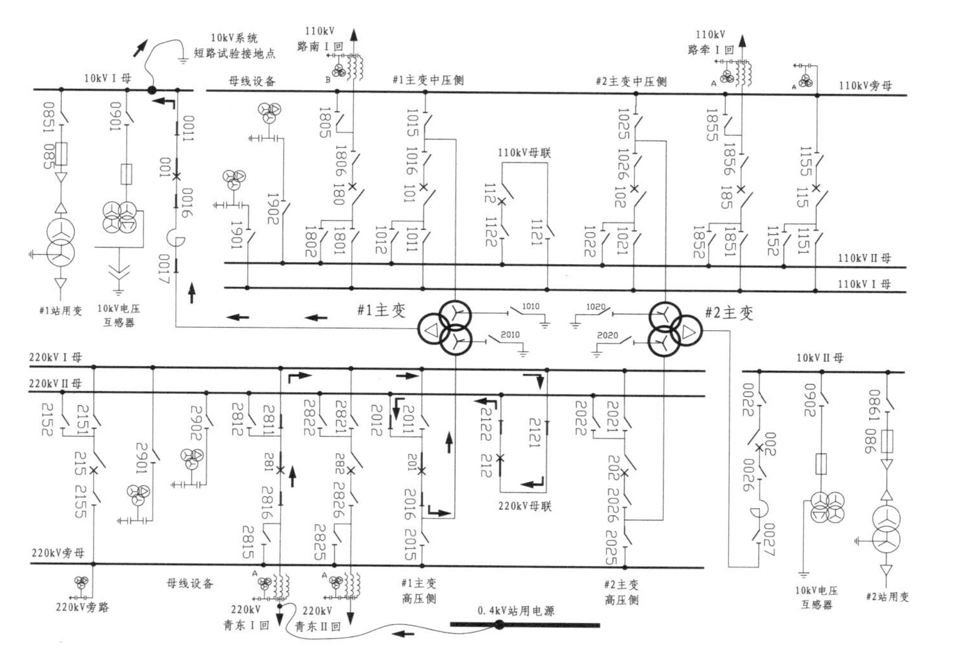

图 11　试验电流穿过 220kV–10kV 系统待检测设备示意图

第三讲

工作法现场实施

一、工作准备

1. 工作组人员准备

（1）人员组成

具备继电保护员专业任职资格的人员 6 人。

（2）人员分工

①试验负责人 1 人。

②试验电压加注点 2 人。

③试验短路接地点 2 人。

④试验数据记录人 1 人。

2. 技术资料准备

（1）与实际相符的变电站图纸 1 套。

（2）变电站变压器、电流互感器、电压互感器等相关一、二次设备出厂资料 1 套。

3. 工器具准备

（1）继电保护专业人员穿戴合格劳动防护用品、配备常用专业工具。

（2）基本测试仪表。

①可检测 0.001~600V 电压的电压表 1 套。

②可检测 0.003~10A 电流的相位伏安表 1 套。

（3）试验电源线。

橡胶绝缘软电缆（规格 3×4+1×2.5）1 根，长度根据检修试验电源箱至最远试验电压加载点的距离确定。

（4）单极交流、额定电流 16A 电源空气开关 3 只。

（5）16mm^2 短路接地线 1 组。

（6）检验合格的绝缘手套 2 双、安全带 2 套。

（7）对讲机 3 对。

4. 工作现场准备

（1）站内工作现场相关一、二次设备所有工作结束，人员撤离。

（2）可接触一次高压设备的所有通道封闭。

（3）现场电气设备操作及验收运行专业人员到位。

（4）现场一、二次设备具备加载试验电压条件。

二、现场检测方法及检测数据分析

本工作法主要以变电站220kV公用电压设备、1个220kV线路单元、1个220kV主变压器单元、1个220kV母联单元为实例，进行检测方法的详细介绍，110kV、35kV系统的一、二次设备交流回路整体组合检测方法与之相同，故不再赘述。

1. 变电站220kV公用电压一、二次设备整体组合工况检测

（1）检测方法及检测数据

根据图9中描述的接线原理，使220kV Ⅰ段母线电压互感器、220kV Ⅱ段母线电压互感器带上0.4kV电压，根据图12完成检测工作。

检测工作在前期厂家设备功能调试、二次控

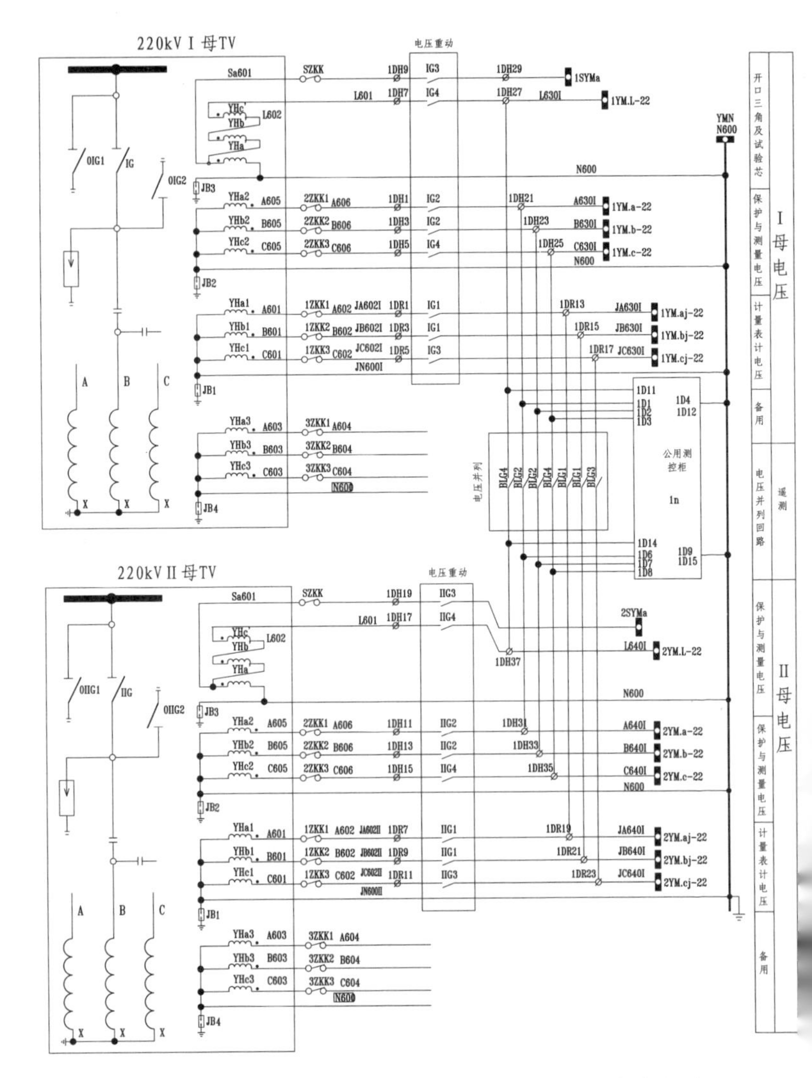

图 12 变电站 220kV 系统母线电压回路检测接线全图

制电缆线芯核对、专业人员二次回路分段检测等基础上开展，不再对相关过程性二次回路开展检测工作，重点针对各功能回路整体组合后的发源端和最末端完成测试，避免过度调试导致不必要的人力浪费。220kV 公用电压回路的检测是后面检测工作的基础，发现问题应立即处理，保证其正确性。

参数如下：

$$\mathrm{TYD}-220/\sqrt{3}\mathrm{kV}-0.005\mathrm{H}\ \frac{220}{\sqrt{3}}\Big/\frac{0.1}{\sqrt{3}}\Big/0.1\mathrm{kV}$$

实测试验电源线电压 387.2V，相电压 224.6V。

合上 220kV Ⅰ段母线电压互感器 220kV 侧Ⅰ段母线侧隔离开关ⅠG，将试验电压送到电压互感器高压侧导体。分别合上试验电源 1SZK、2SZK、3SZK，在电压互感器端子箱内二次回路上测量相对应的电压回路有效值，判断一、二次设备相别是否正确，无误后完成以下测量（表 3~表 5）。

表3 220kV Ⅰ段母线电压互感器星形接线绕组电压测量表

序号	回路用途	回路编号	电压有效值（V）
1	计量表	A601—JN600 Ⅰ	0.102
2		B601—JN600 Ⅰ	0.102
3		C601—JN600 Ⅰ	0.102
4		JN600—地	0.001
5		A601—B601	0.177
6		B601—C601	0.177
7		C601—A601	0.177
8	备用绕组	A603—N600	0.102
9		B603—N600	0.102
10		C603—N600	0.102
11		N600—地	0.001
12		A603—B603	0.177
13		B603—C603	0.177
14		C603—A603	0.177
15	保护与测量	A605—N600	0.102
16		B605—N600	0.102
17		C605—N600	0.102
18		N600—地	0.001
19		A605—B605	0.177
20		B605—C605	0.177
21		C605—A605	0.177

表4　220kV Ⅰ段母线电压互感器开口三角接线绕组电压测量表

序号	测试条件	测试点回路编号	电压有效值（V）
1	仅投入 A 相试验电源	Sa601—N600	0.177
2	仅投入 A 相试验电源	A605—N600	0.102
3	仅投入 A 相试验电源	Sa601—A605	0.075
4	仅投入 B 相试验电源	L602—Sa601	0.177
5	仅投入 B 相试验电源	B605—N600	0.102
6	仅投入 B 相试验电源	L602—B605	0.075
7	仅投入 C 相试验电源	L601—N600	0.177
8	仅投入 C 相试验电源	C605—N600	0.102
9	仅投入 C 相试验电源	L601—C605	0.075
10	三相试验电源全部投入	Sa601—N600	0.177
11	三相试验电源全部投入	L602—Sa601	0.177
12	三相试验电源全部投入	L601—L602	0.177
13	三相试验电源全部投入	Sa601—A605	0.075
14	三相试验电源全部投入	A605—L602	0.150
15	三相试验电源全部投入	C605—L602	0.272

表5　220kV Ⅰ段母线二次电压小母线电压测量记录表

序号	回路名称	回路编号	电压有效值（V）	备注
1	试验电压	1SYMa—N600	0.177	
2	零序电压	L630 Ⅰ—N600	0.177	断开 A 相试验电源后测量
3	保护、测量电压	A630 Ⅰ—N600	0.102	
4		B630 Ⅰ—N600	0.102	
5		C630 Ⅰ—N600	0.102	
6		N600—地	0.005	
7		A630 Ⅰ—B630 Ⅰ	0.177	
8		B630 Ⅰ—C630 Ⅰ	0.177	
9		C630 Ⅰ—A630 Ⅰ	0.177	

续表

序号	回路名称	回路编号	电压有效值（V）	备注
10	计量电压	JA630 Ⅰ—JN600	0.102	
11		JB630 Ⅰ—JN600	0.102	
12		JC630 Ⅰ—JN600	0.102	
13		N600—地	0.005	
14		JA630 Ⅰ—JB630 Ⅰ	0.177	
15		JB630 Ⅰ—JC630 Ⅰ	0.177	
16		JC630 Ⅰ—JA630 Ⅰ	0.177	

220kV Ⅱ段母线电压互感器检测方法与220kV Ⅰ段母线电压互感器检测方法相同，下面不再赘述。最后完成220kV母线电压互感器并列回路检测，方法如下：合上220kV Ⅰ段母线电压互感器220kV侧Ⅰ段母线侧隔离开关ⅠG，合上220kV Ⅱ段母线电压互感器220kV侧Ⅱ段母线侧隔离开关ⅡG，将试验电压经220kV Ⅰ、Ⅱ段母线送至两组电压互感器高压侧导体，将电压互感器二次空气开关全部投入，完成表6数据检测。

表6　220kV Ⅰ、Ⅱ段二次回路星形接线小母线电压核相检测记录表

序号	Ⅰ段母线电压 / Ⅱ段母线电压 压差（V）	1SYMa	L630 Ⅰ	A630 Ⅰ	B630 Ⅰ	C630 Ⅰ
1	2SYMa Ⅰ	0.000	0.177	0.075	0.245	0.245
2	L640 Ⅰ	0.177	0.002	0.102	0.102	0.102
3	A640 Ⅰ	0.075	0.102	0.005	0.177	0.177
4	B640 Ⅰ	0.245	0.102	0.177	0.005	0.177
5	C640 Ⅰ	0.245	0.102	0.177	0.177	0.005

在此项检测通过后，应将两段电压试并列一次，并判断有无异常。此后连续将全站220kV电压小母线回路作为一个整体全部检查，便于在主变压器、线路、旁路等单元电压检测过程中，以已完成检测的电压回路为基准进行检测。

注意：在检查220kV母线电压互感器延伸出的二次电压小母线回路过程中，应断开二次电压小母线相关的所有线路、主变压器、旁路单元等设备的隔离开关及交流回路电压空气开关，以确保二次回路电压小母线在空载状态，防止二次母

线电压由于负载相互联通，无法用分别投切试验电源空气开关的方法核查二次电压小母线接线的正确性。

在 220kV 线路保护屏、测控屏、计量屏等处完成相关电压小母线电压的测量判断，首先用分别断开试验电源 1SZK、2SZKK、3SZK 的方法判断交流电压一、二次回路的相别，测试正确后继续以下测试（表 7~ 表 8）。

表 7 220kV 某线路保护单元保护、测量用二次电压回路小母线检测记录表

序号	测试回路	A630 Ⅰ -N600	B630 Ⅰ -N600	C630 Ⅰ -N600	N600-地
1	电压值 (V)	0.102	0.102	0.102	0.01
2	测试回路	A640 Ⅰ -N600	B640 Ⅰ -N600	C640 Ⅰ -N600	N600-地
3	电压值 (V)	0.102	0.102	0.102	0.01
4	测试回路	A630 Ⅰ -A640 Ⅰ	B630 Ⅰ -B640 Ⅰ	C630 Ⅰ -C640 Ⅰ	/
5	电压值 (V)	0.001	0.001	0.001	/

表 8　220kV 某线路保护单元计量用二次电压回路小母线检测记录表

序号	测试回路	JA630 Ⅰ -N600	JB630 Ⅰ -N600	JC630 Ⅰ -N600	N600-地
1	电压值 (V)	0.102	0.102	0.102	0.01
2	测试回路	JA64 Ⅰ -N600	JB640 Ⅰ -N600	J640 Ⅰ -N600	N600-地
3	电压值 (V)	0.102	0.102	0.102	0.01
4	测试回路	JA630 Ⅰ -JA640 Ⅰ	JB630 Ⅰ -JB640 Ⅰ	JC630 Ⅰ -JC640 Ⅰ	/
5	电压值 (V)	0.001	0.001	0.001	/

按上述要求，依次完成 220kV 线路、主变压器、旁路、母联等所有单元相关于电压小母线部分的检测，其他单元二次电压数据不再赘述。检查过程中发现问题应立即处理，保证其正确性，为下一步相关单元内的其他电压回路检测奠定基础。

（2）数据分析

经检测各星形绕组、开口三角绕组二次回路

电压符合预期值，各绕组极性关系与一、二次回路接线图一致，公用并列回路相对应测试电压正常，可正常并列。

2. 变电站线路单元一、二次设备整体组合工况检测

（1）线路单元电压回路检测

①检测方法及检测数据。

此项检测须在母线电压互感器电压和二次电压小母线电压检测完成的基础上进行。线路单元的电压回路检测主要检查二次回路小母线电压经电压切换装置后的电压量是否正确，线路电压与母线电压是否能够实现同期。

实例测试中输入 220kV Ⅰ段母线试验电压，经实测为 387.2V，相电压 224.6V。首先确保图 13 中 1G、2G 隔离开关在分位，先检测 A7201、B7201、C7201、JA7201、JB7201、JC7201 回路无电压，再合上隔离开关 1G、3G，DL 断路器后

完成下表测量。如线路无法带电，可在线路电压互感器端子箱处测量电压值替代（表 9~ 表 10）。

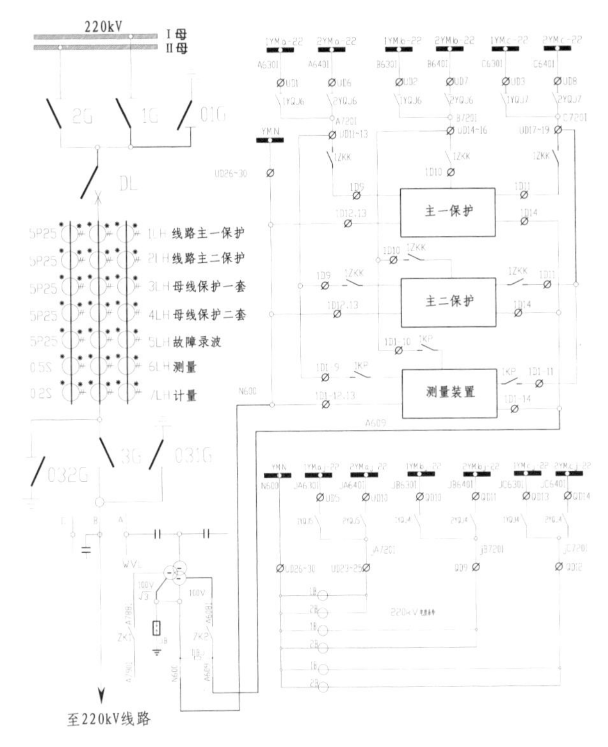

图 13　220kV 线路单元一、二次交流设备电压回路接线图

表 9　220kV 线路单元 Ⅰ 段母线切换保护、
测量用电压回路检测记录表

序号	切换后 压差（V） 切换前	A720 Ⅰ	B720 Ⅰ	C720 Ⅰ
1	A630 Ⅰ	0.001	0.176	0.175
2	B630 Ⅰ	0.177	0.001	0.176
3	C630 Ⅰ	0.176	0.176	0.000
4	A609	0.075	/	/

表 10　220kV 线路单元 Ⅰ 段母线切换计量用电压回路检测记录表

序号	切换后 压差（V） 切换前	JA720 Ⅰ	JB720 Ⅰ	JC720 Ⅰ
1	JA630 Ⅰ	0.000	0.173	0.177
2	JB630 Ⅰ	0.175	0.001	0.176
3	JC630 Ⅰ	0.176	0.174	0.000

②检测数据分析。

由表 9~12 中数据可以看出，切换后电压与二次电压小母线电压的压差关系符合预期，母线电压与线路电压压差在 0.071V 左右，可以判断其为同相位关系，经设置测控装置参数后可以实现同期并列。

表 11　220kV 线路单元 Ⅱ 段母线切换保护、测量用电压回路检测记录表

序号	切换前＼压差(V)＼切换后	A720 Ⅰ	B720 Ⅰ	C720 Ⅰ
1	A640 Ⅰ	0.001	0.172	0.177
2	B640 Ⅰ	0.174	0.005	0.176
3	C640 Ⅰ	0.176	0.173	0.000
4	A609	0.071	/	/

表 12　220kV 线路单元 Ⅱ 段母线切换计量用电压回路检测记录表

序号	切换前＼压差(V)＼切换后	JA720 Ⅰ	JB720 Ⅰ	JC720 Ⅰ
1	JA640 Ⅰ	0.000	0.173	0.177
2	JB640 Ⅰ	0.175	0.001	0.176
3	JC640 Ⅰ	0.176	0.174	0.000

（2）线路单元电流回路检测

①检测方法及检测数据。

根据图 10 中接线原理，在 110kV 系统出线处设短路接地线，在 220kV 线路侧输入 0.4kV 试验电压，使线路电压互感器及 220kV 母线带上试

验电压，利用主变压器的试验短路电流完成出线单元交流回路的全部测试检查工作，如图 14 所示。

线路所带主变压器实际短路电流计算值及实际测量值为：

现场主变压器型号：SFSZ10-H-240000/220

额定容量：240000/240000/12000kVA

额定电压和分接范围：（220 ± 8 × 1.25%）/115/35kV

联结组标号：YNyn0d11

短路阻抗：高压—中压　主分接 13.31%

高压—低压　主分接 23.93%

估算变压器高压侧一次电流有效值为（本例实际试验电压为 386.4V）：

$$\because \frac{U_e \times U_{\mathrm{dl}}}{I_e} = \frac{U_{\mathrm{sy}}}{I_{\mathrm{sy}}}$$

$$\therefore I_{\mathrm{sy}} = \frac{I_e \times U_{\mathrm{sy}}}{U_e \times U_{\mathrm{dl}}} = \frac{\dfrac{240000}{\sqrt{3} \times 220} \times 386.4}{220000 \times \dfrac{13.31}{100}} \approx 8.311\text{（A）}$$

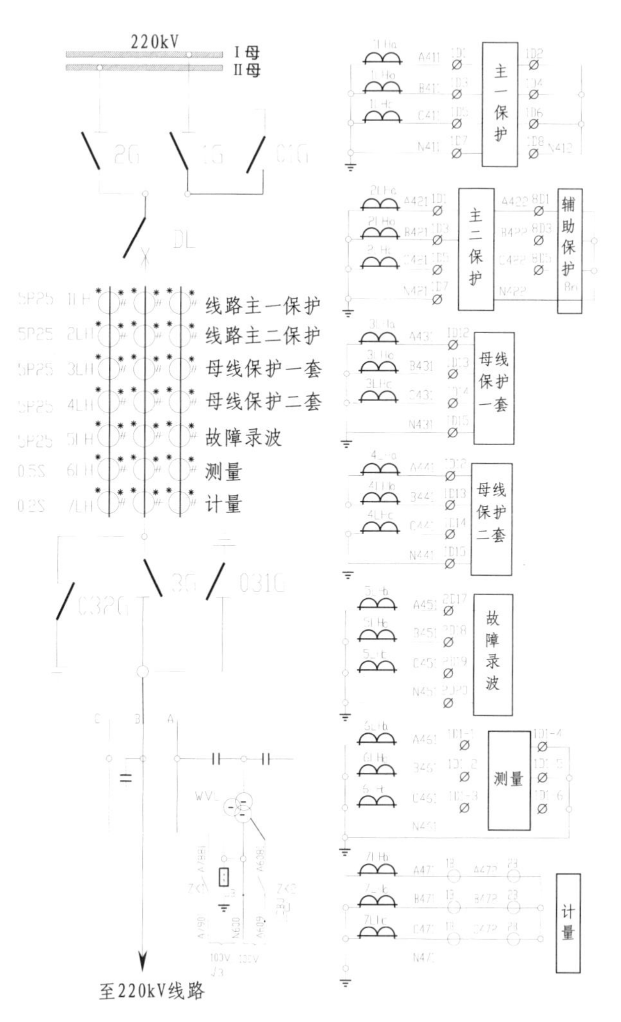

图14 220kV线路单元一、二次交流设备电流回路接线图

经现场实际测量，流入1号主变压器高压侧电流为8.280A。如配备宽量程相位伏安表，可直接测量电压互感器二次回路电压与电流互感器二次回路电流，关系结果更为直观。本实例考虑专业人员使用的最常规相位伏安表以电流回路A411为基准完成测量。测量前可以以A相试验电源1SZK输出电流为基准测定A411回路接线正确后，再以A411回路为基准，测量其他电气量相对其滞后的角度，完成测量分析（表13）。

表13　220kV线路单元相关一、二次回路电流量检测表

序号	装置型号	用途	组别	回路编号	电流互感器变比	电流有效值（A）	滞后相位差角（°）
1	×××-×××	线路主一保护	5P25	A411	1200/1	0.006	0
2				B411	1200/1	0.007	119.1
3				C411	1200/1	0.007	240.3
4				N411	1200/1	0.000	/
5	×××-×××	线路主二保护	5P25	A421	1200/1	0.007	1.4
6				B421	1200/1	0.006	118.5
7				C421	1200/1	0.006	239.3
8				N421	1200/1	0.000	/

续表

序号	装置型号	用途	组别	回路编号	电流互感器变比	电流有效值（A）	相位差角（°）
9	×××-×××	辅助保护	5P25	A422	1200/1	0.006	359.6
10				B422	1200/1	0.006	119.7
11				C422	1200/1	0.006	240.1
12				N422	1200/1	0.000	/
13	×××-×××	母差A套	5P25	A431	1200/1	0.007	359.6
14				B441	1200/1	0.006	120.7
15				C441	1200/1	0.006	240.3
16				N441	1200/1	0.000	/
17	×××-×××	母差B套	5P25	A441	1200/1	0.007	0.1
18				B441	1200/1	0.007	117.9
19				C441	1200/1	0.007	238.7
20				N441	1200/1	0.000	/
21	×××-×××	故障录波	5P25	A451	1200/1	0.006	0.0
22				B451	1200/1	0.006	120.7
23				C451	1200/1	0.006	240.3
24				N451	1200/1	0.000	/
25	×××-×××	测量	0.5S	A461	1200/1	0.007	0.1
26				B461	1200/1	0.007	118.7
27				C461	1200/1	0.007	240.3
28				N461	1200/1	0.000	/
29	×××-×××	计量	0.2S	A471	1200/1	0.006	359.7
30				B471	1200/1	0.006	121.7
31				C471	1200/1	0.007	240.9
32				N471	1200/1	0.000	/

②检测数据分析。

受与变压器相连接的导体阻抗影响，一次设备电流 8.280A 与理论计算值有一定误差，属于正常现象。通过检测数据可以看出，各电流互感器二次绕组二次电流与一次电流的变比关系一致，但受限于相位伏安表测量量程，数据显示电流互感器变比在 1182/1~1380/1 之间波动，与标称 1200/1 的变比相比，最大误差超过了 15%。但由于电流互感器精度试验及伏安特性检查由其他测试项目验证，不在本试验检验范围，此测试值可参考使用。结合图 14 中标注的电流互感器极性端关系，继电保护专业人员可以明确得出电流互感器极性端引出二次线的正确性，实现检测目标。

3. 变电站变压器单元一、二次设备整体组合工况检测

220kV 主变压器单元一次设备接线原理详见图 15。测试工作首先检测电压回路，发现问题应

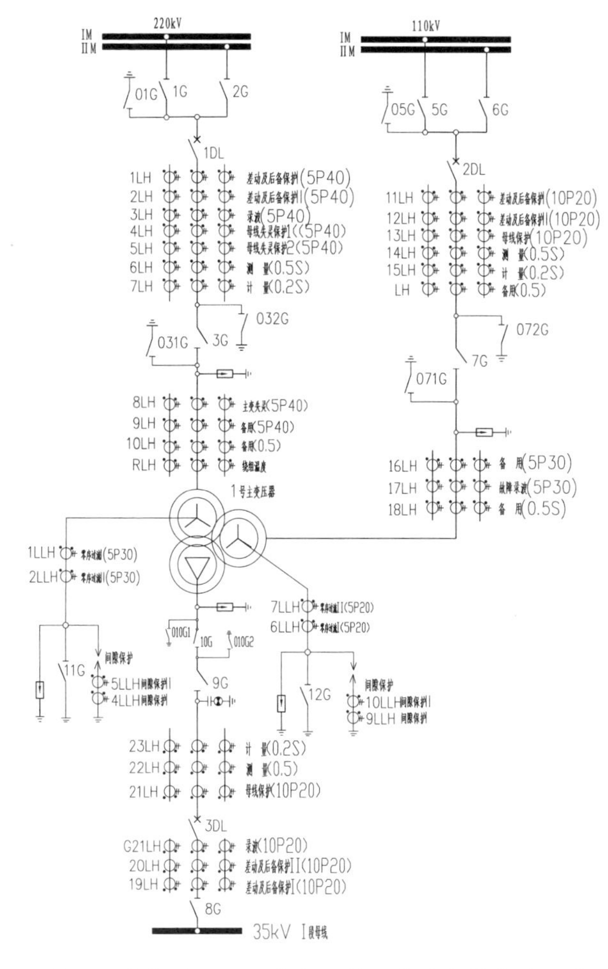

图 15　变电站 220kV 主变压器一次设备接线原理图

立即处理，以确保电压回路的正确性。

（1）交流电压回路的整体组合测试

①检测方法及检测数据。

变压器单元的电压回路是在220kV母线电压回路的基础上经主变压器220kV母线侧隔离开关切换后形成的，其检测工作是在保证图12中回路的正确性基础上进行的，相关公用电压小母线回路检测方法已在前一讲中详细介绍。本项检测工作需要找到220kV系统母线电压回路与主变压器单元的电压回路接合点，详见图16中A630Ⅰ、B630Ⅰ、C630Ⅰ、L630Ⅰ、A640Ⅱ、B640Ⅱ、C640Ⅱ、L640Ⅱ、N600等回路。本项检测关键点是检查图15中隔离开关1G、2G能否正确联动，将母线电压“切入”“切出”保护、测控及计量装置。

本例实际测试接线电压387.2V，相电压224.6V，首先隔离开关1G、2G在分位检测

A720、B720、C720、L720 回路无电压，合上隔离开关 1G，检测 A720、B720、C720、L720 回路有电压后，完成表 14 和表 15 测量。

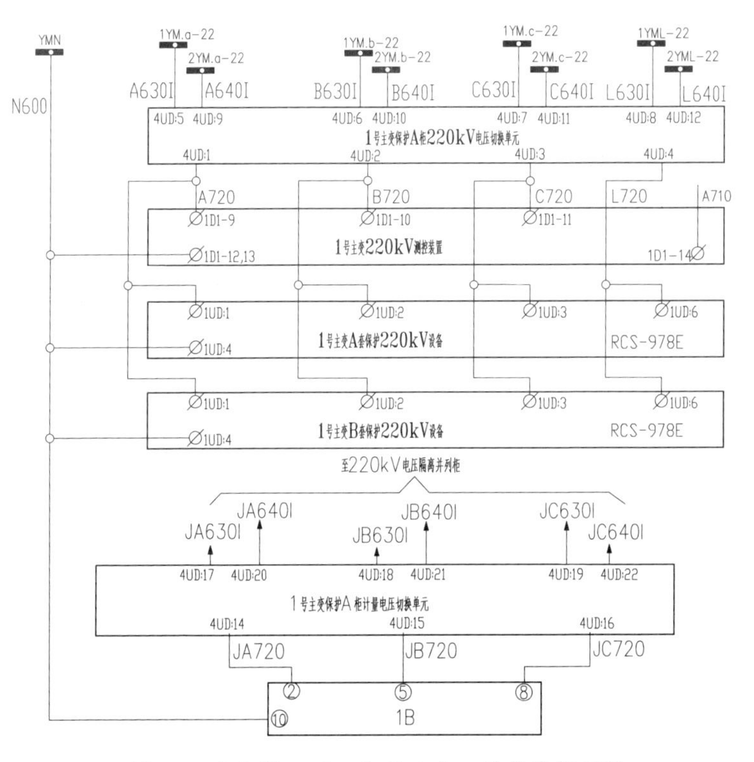

图 16　变压器 220kV 电压二次回路接线原理图

表 14　主变压器 220kV 侧测量保护电压回路检测记录表 1

序号	切换后 / 压差（V） / 切换前	A720	B720	C720	L720
1	A630 Ⅰ	0.001	0.177	0.176	0.102
2	B630 Ⅰ	0.175	0.003	0.177	0.103
3	C630 Ⅰ	0.175	0.177	0.002	0.102
4	L630 Ⅰ	0.102	0.102	0.102	0.003

表 15　主变压器 220kV 侧计量电压回路检测记录表 2

序号	切换后 / 压差（V） / 切换前	JA720	JB720	JC720
1	JA630 Ⅰ	0.001	0.177	0.176
2	JB630 Ⅰ	0.175	0.003	0.177
3	JC630 Ⅰ	0.176	0.177	0.002

拉开隔离开关 1G，合上隔离开关 2G，完成表 16 和表 17 测量。

表 16　主变压器 220kV 侧电压回路检测记录表 3

序号	切换后 / 压差（V） / 切换前	A720	B720	C720	L720
1	A640 Ⅰ	0.001	0.175	0.176	0.102
2	B640 Ⅰ	0.176	0.003	0.176	0.102
3	C640 Ⅰ	0.177	0.177	0.002	0.102
4	L640 Ⅰ	0.102	0.102	0.102	0.003

表 17　主变压器 220kV 侧电压回路检测记录表 4

序号	切换前 \ 压差（V） \ 切换后	JA720	JB720	JC720
1	JA640 Ⅰ	0.001	0.176	0.177
2	JB640 Ⅰ	0.177	0.003	0.175
3	JC640 Ⅰ	0.177	0.177	0.002

②数据分析。

根据测试数据分析，切换前、后的同名相电压差最大为 0.003V，属正常范围，相电压在 0.177V 左右，与预期电压差值相符；L640 Ⅰ、L720 回路相对于 A720、B702、C720 回路电压实际为二次相电压，分析原理参阅图 7，综上分析可以判断母线电压可正确切入主变压器单元。

（2）交流电流回路的整体组合测试

试验电流的产生见图 10、图 11，此处不再赘述。主变压器差动保护，后备保护，测量、计量用电流互感器配置如图 15 所示。

受变压器短路阻抗特性影响，本试验高压—中压、高压—低压的短路试验分别进行，在估算过程中也分别计算。因其主要是检测各电流互感器的极性关系，以高压侧为基准不会影响分析结果。

需要强调的是，电流量相位检测基准的选择非常重要，特别是由于主变压器电流二次回路分布较广，需在多个二次设备屏柜间移动测量，被选择为检测基准的回路接线错误可能导致整个检测工作失败。

现场主变压器型号：SFSZ10-H-240000/220

额定容量：240000/240000/12000kVA

额定电压和分接范围：（220±8×1.25%）/115/35kV

联结组标号：YNyn0d11

短路阻抗：高压—中压　主分接 13.31%

高压—低压　主分接 23.93%

①变压器高、中压侧试验电流有效值估算。

将 110kV 侧短路接地，35kV 侧开路，高压侧输入试验电压 386.4V。

$$\because \frac{U_e \times U_{\mathrm{dl-hl}}}{I_e}=\frac{U_{\mathrm{sy}}}{I_{\mathrm{sy}}}$$

$$\therefore I_{\mathrm{sy}}=\frac{I_e \times U_{\mathrm{sy}}}{U_e \times U_{\mathrm{dl-hl}}}=\frac{\frac{240000}{\sqrt{3}\times 220}\times 386.4}{220000\times\frac{13.31}{100}}\approx 8.311\text{（A）}$$

$$\because \frac{U_{e-\mathrm{h}}}{U_{e-\mathrm{m}}}=\frac{I_{\mathrm{sy-m}}}{I_{\mathrm{sy-h}}}$$

$$\therefore I_{\mathrm{sy-m}}=\frac{U_{e-\mathrm{h}}\times I_{\mathrm{sy-h}}}{U_{e-\mathrm{m}}}=\frac{220\times 8.311}{115}\approx 15.899\text{（A）}$$

在此接线方式下计算高压侧试验电流为 8.311A，中压侧试验电流为 15.899A。

②变压器高、低压侧试验电流有效值估算。

将 35kV 侧短路接地，110kV 侧开路，220kV 侧输入试验电压 386.4V。

$$\because \frac{U_e \times U_{\mathrm{dl-hl}}}{I_e}=\frac{U_{\mathrm{sy-h}}}{I_{\mathrm{sy-h}}}$$

$$\therefore I_{sy-h}=\frac{I_e\times U_{sy-h}}{U_e\times U_{dl-hl}}=\frac{\frac{240000}{\sqrt{3}\times 220}\times 386.4}{220000\times\frac{23.93}{100}}=4.623\text{A}$$

$$\because \frac{U_{e-h}}{U_{e-l}}=\frac{I_{sy-l}}{I_{sy-h}}$$

$$\therefore I_{sy-l}=\frac{U_{e-l}\times I_{sy-l}}{U_{e-l}}=\frac{220\times 4.623}{35}=29.059\text{A}$$

在此接线方式下估算220kV侧试验电流为4.623A，35kV侧试验电流为29.059A

（3）主变压器220kV、110kV绕组相关电流回路检测

①检测方法及检测数据。

将110kV Ⅰ段母线短路接地，合上图15中1G、3G、5G、7G隔离开关，将试验电压送至220kV Ⅰ段母线，合上1DL、2DL断路器，测试高压侧导体实际电流为8.030A，中压侧导体估计电流为15.360A，以高压侧A4011回路电流为基准，完成以下回路测试。

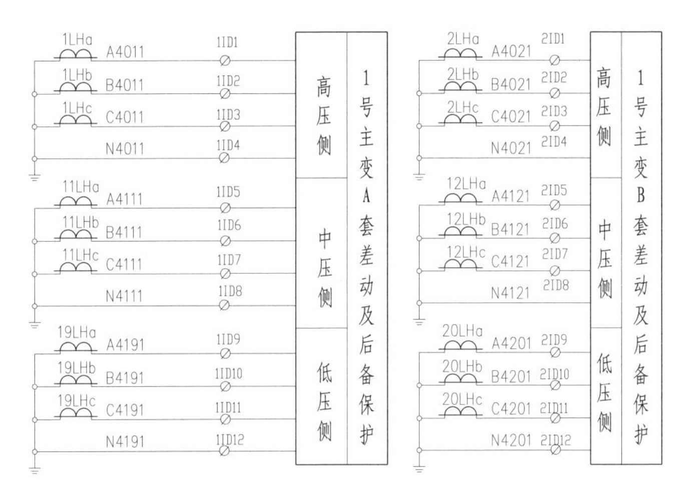

图 17　1 号主变压器 A、B 套差动及后备保护电流回路图

a. 主变压器差动保护及后备保护一、二次电流回路检测（表 18 和表 19）。

表 18　1 号主变压器 A 套差动及后备保护一、二次电流量检测表

序号	装置名称	保护名称	TA 组别	回路编号	TA 变比	电流有效值（A）	相位差角（°）
1	×××–×××	差动保护 I 及后备 I	5P40	A4011	1200/1	0.007	0
				B4011		0.006	120.5
				C4011		0.007	239.3

续表

序号	装置名称	保护名称	TA组别	回路编号	TA变比	电流有效值（A）	相位差角（°）
				N4011		0.000	/
2	×××-×××	差动及后备Ⅰ（110kV侧）	10P20	A4111	2000/1	0.007	180.6
				B4111		0.008	300.4
				C4111		0.008	60.9
				N4111		0.000	/
3	×××-×××	差动Ⅰ（35kV侧）	10P20	A4191	2000/1	/	/
				B4191		/	/
				C4191		/	/
				N4191		/	/

备注：试验电流未流经35kV侧，所以表中35kV侧电流回路无电流。

表19　1号主变压器B套差动及后备保护一、二次电流量检测表

序号	装置名称	保护名称	TA组别	回路编号	TA变比	电流有效值（A）	相位差角（°）
1	×××-×××	差动保护及后备Ⅱ	5P40	A4021	1200/1	0.007	0.1
				B4021		0.006	120.3
				C4021		0.007	240.2
				N4021		0.001	/
2	×××-×××	差动及后备Ⅱ（110kV侧）	10P20	A4121	2000/1	0.007	179.6
				B4121		0.007	301.4
				C4121		0.007	59.4

续表

序号	装置名称	保护名称	TA 组别	回路编号	TA 变比	电流有效值（A）	相位差角（°）
				N4121		0.000	/
3	×××-×××	差动Ⅱ（35kV 侧）	10P20	A4201	2000/1	/	/
				B42011		/	/
				C4201		/	/
				N4201		/	/

备注：试验电流未流经 35kV 侧，所以表中 35kV 侧电流回路无电流。

b. 1 号主变压器相关 220kV A 套母线及失灵、B 套母线及失灵保护电流回路检测（图 18 和表 20）。

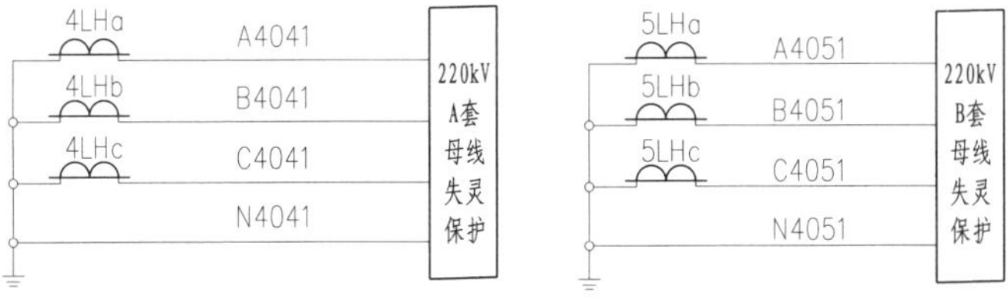

图 18　220kV A 套母线及失灵、B 套母线及失灵保护电流回路图

表 20　220kV A 套、B 套母线及失灵保护电流回路检测表

序号	装置名称	用途	TA 组别	回路编号	TA 变比	电流有效值（A）	相位差角（°）
1	×××-×××	220kV 母差 Ⅰ	5P40	A4041	1200/1	0.006	0.4
				B4041		0.006	122.1
				C4041		0.006	241.3
				N4041		0.000	/
2	×××-×××	220kV 母差 Ⅱ	5P40	A4051	1200/1	0.006	1.0
				B4051		0.007	122.5
				C4051		0.006	242.1
				N4051		0.000	/

c. 1 号主变压器故障录波、断路器失灵保护电流回路检测（图 19 和表 21）。

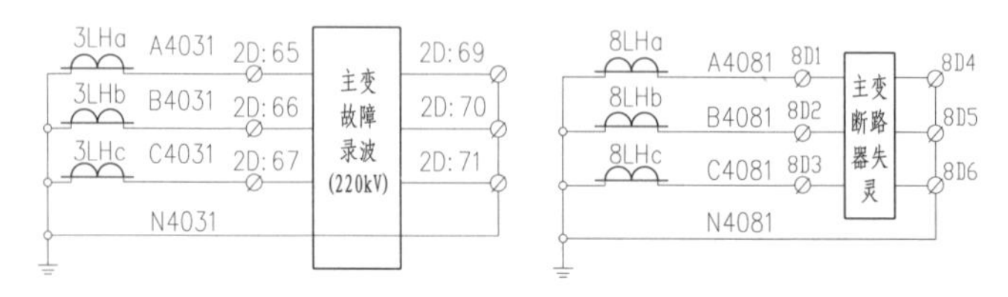

图 19　1 号主变压器故障录波、断路器失灵保护电流回路图

表 21　1 号主变压器故障录波、断路器失灵保护电流回路检测表

序号	装置名称	用途	TA 组别	回路编号	TA 变比	电流有效值（A）	相位差角（°）
1	×××-×××	220kV 侧故障录波	5P40	A4031	1200/1	0.006	0.1
				B4031		0.006	119.1
				C4031		0.006	239.6
				N4031		0.000	/
2	×××-×××	220kV 断路器失灵	5P40	A4081	1200/1	0.007	1.0
				B4081		0.007	122.5
				C4081		0.007	242.1
				N4081		0.000	/

d. 1 号主变压器相关 110kV 母线保护、主变压器故障录波器电流回路检测（图 20 和表 22）。

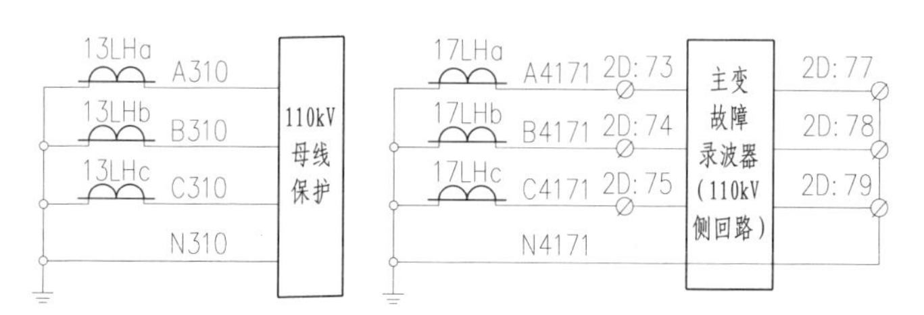

图 20　1 号主变压器相关 110kV 母线保护、主变压器故障录波器电流回路图

表 22 1 号主变压器相关于 110kV 母线保护、主变压器故障录波器电流回路检测表

序号	装置名称	用途	TA 组别	回路编号	TA 变比	电流有效值（A）	相位差角（°）
1	×××-×××	110kV 母线保护	10P20	A310	2000/1	0.007	180.1
				B310		0.006	301.4
				C310		0.006	61.4
				N310		0.000	/
2	×××-×××	110kV 故障录波	5P30	A4171	2000/1	0.008	182.3
				B4171		0.008	303.1
				C4171		0.007	62.9
				N4171		0.000	/

e. 1 号主变压器 220kV 侧、110kV 侧测量用电流回路检测（图 21 和表 23）。

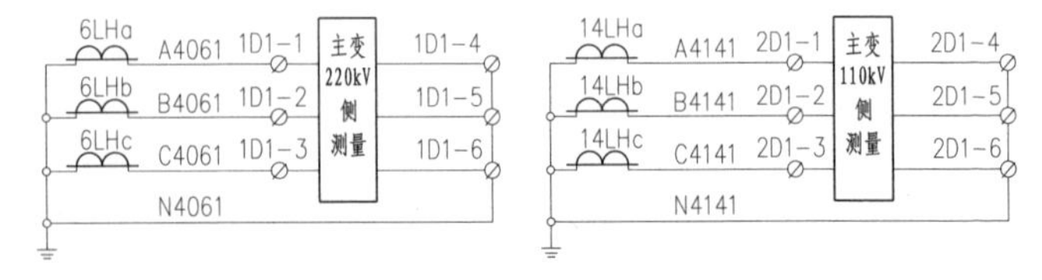

图 21 1 号主变压器 220kV 侧、110kV 侧测量用电流回路图

表23　1号主变压器220kV侧、110kV侧测量用电流回路检测表

序号	装置名称	用途	TA组别	回路编号	TA变比	电流有效值（A）	相位差角（°）
1	×××-×××	220kV测控	0.5S	A4061	1200/1	0.006	0
				B4061		0.006	120.3
				C4061		0.007	239.6
				N4061		0.000	/
2	×××-×××	110kV测控	0.5S	A4141	2000/1	0.007	180.1
				B4141		0.007	298.4
				C4141		0.007	59.9
				N4141		0.000	/

f. 1号主变压器绕组测温及220kV侧、110kV侧计量电流回路检测（图22和表24）。

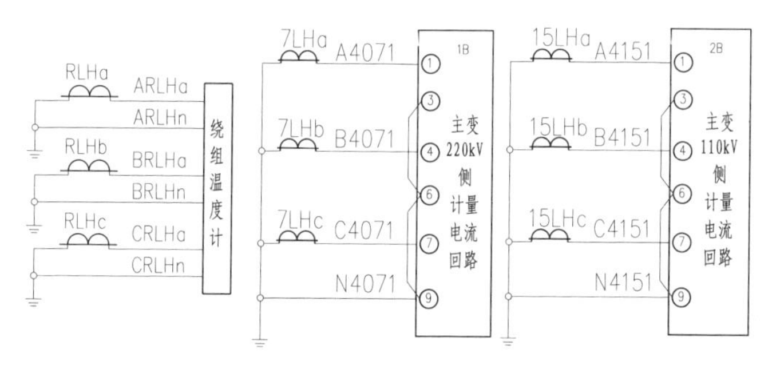

图22　1号主变压器绕组测温及220kV侧、110kV侧计量电流回路图

表 24　1 号主变压器绕组测温及 220kV 侧、110kV 侧计量电流回路检测表

序号	装置名称	用途	TA组别	回路编号	TA 变比	电流有效值（A）	相位差角（°）
1	×××-×××	绕组温度计	0.5S	ARLHa	1200/1	0.006	2.0
				ARLHn		0.006	182.4
				BARLH		0.006	120.8
				BARLn		0.006	301.0
				CARLH		0.007	241.1
				CARLn		0.007	60.8
2	×××-×××	220kV 侧电度表	0.2S	A4071/1B-107	1200/1	0.007	0
				B4071/1B-107		0.007	120.7
				C4071/1B-107		0.007	239.5
				N4071/1B-107		0.000	/
3	×××-×××	110kV 侧电度表	0.2S	A4151/1B-205	2000/1	0.008	180.0
				B4151/1B-205		0.008	298.5
				C4151/1B-205		0.007	59.3
				N4151/1B-205		0.001	/

g. 1 号主变压器 220kV 侧、110kV 侧相关电流互感器备用绕组电流回路检测（图 23 和表 25）。

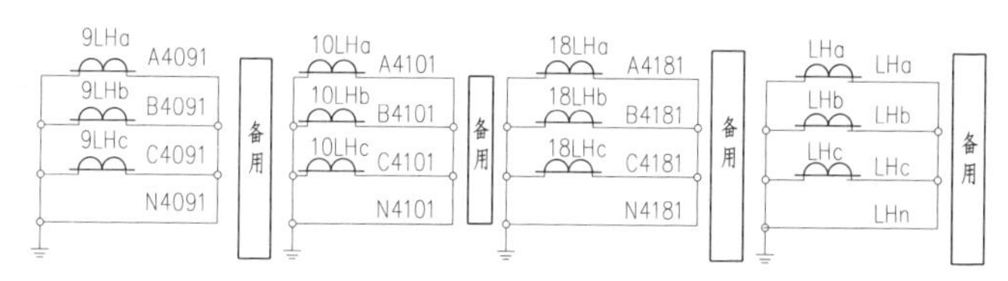

图 23 1 号主变压器 220kV 侧、110kV 侧相关电流互感器备用绕组电流回路图

表 25 1 号主变压器绕组测温及 220kV 侧、110kV 侧相关电流互感器备用绕组电流回路检测表

序号	接入装置	用途	TA 组别	回路编号	TA 变比	电流有效值（A）	相位差角（°）
1	无	备用	5P40	A4091	1200/1	0.006	0.5
				B4091		0.006	121.1
				C4091		0.006	240.3
				N4091		0.000	/
2	无	备用	0.5S	A4101	1200/1	0.006	0.6
				B4101		0.006	120.5
				C4101		0.006	240.1
				N4101		0.000	/
3	无	备用	0.5S	A4181	2000/1	0.007	180.0
				B4181		0.007	300.1
				C4181		0.007	60.2
				N411		0.000	/
4	无	备用	0.5S	LHa	2000/1	0.007	180.0
				LHb		0.007	300.1
				LHc		0.007	60.2
				LHa		0.000	/

②检测数据分析。

从检测数据可以看出主变压器 220kV、110kV 侧电流互感器各二次绕组间相差 120°±10°，220kV 侧各二次绕组电流相位与 110kV 侧电流互感器各绕组二次同名相电流相位差角 180°±10°，与理论计算值相符。可判断现场电流互感器极性端选择与图 15 中要求一致，满足运行要求。

（4）主变压器 220kV、110kV 中性点零序电流互感器一、二次整体组合检测

①检测方法及检测数据。

将 110kV Ⅰ段母线短路接地，合上图 15 中隔离开关 1G、3G、5G、7G，11G、12G 主变压器中性点接地开关，将试验电压 A 相送至 220kV Ⅰ段母线，合上 1DL、2DL 断路器，测试高压侧导体实际电流为 7.454A，中压侧导体估算电流为 14.260A，以主变压器差动保护 A4011 回路电流为

基准，完成以下电流回路测试，图 24 和表 26。

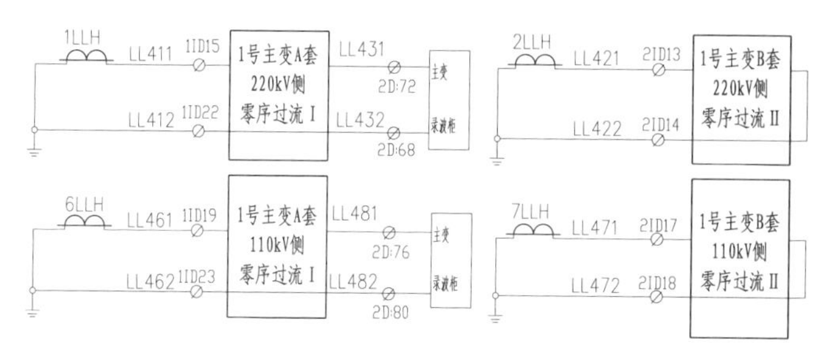

图 24　1 号主变压器 A、B 套零序过流保护电流回路图

表 26　1 号主变压器 220kV、110kV 侧中性点零序电流互感器一、二次整体组合检测表

序号	装置名称	用途	TA 组别	回路编号	TA 变比	电流有效值（A）	相位差角（°）
1	×××-×××	A 套 220kV 侧零序过流 I	5P30	LL411	600/1	0.012	359.3
				LL412		0.012	179.8
2	×××-×××	B 套 220kV 侧零序过流 II	5P30	LL421	600/1	0.012	359.1
				LL422		0.012	180.0
3	×××-×××	A 套 110kV 侧零序过流 I	5P20	LL461	600/1	0.022	178.2
				LL462		0.022	358.2

续表

序号	装置名称	用途	TA组别	回路编号	TA变比	电流有效值（A）	相位差角（°）
4	×××-×××	B套110kV侧零序过流Ⅱ	5P20	LL471	600/1	0.023	179.0
				LL472		0.023	359.1

②检测数据分析。

检测数据表明主变压器220kV、110kV侧中性点零序电流互感器二次电流与220kV侧绕组电流相差分别在±10°、180°±10°，与理论计算预期值相符，可判断现场电流互感器极性端选择与图15要求一致，满足运行要求。

（5）1号主变压器220kV、110kV侧中性点放电间隙电流互感器一、二次整体组合检测

①测量方法及测量数据。

将110kV Ⅰ段母线短路接地，使用短接试验线短接1号主变压器220kV、110kV中性点放电间隙，合上图15中1G、3G、5G、7G隔离开

关，将试验电压A相送至220kV Ⅰ段母线，合上1DL、2DL断路器，测试高压侧导体实际电流为7.009A，中压侧导体估计电流为13.409A，以主变压器差动保护A4011回路电流为基准，完成以下回路测试（图25和表27）。

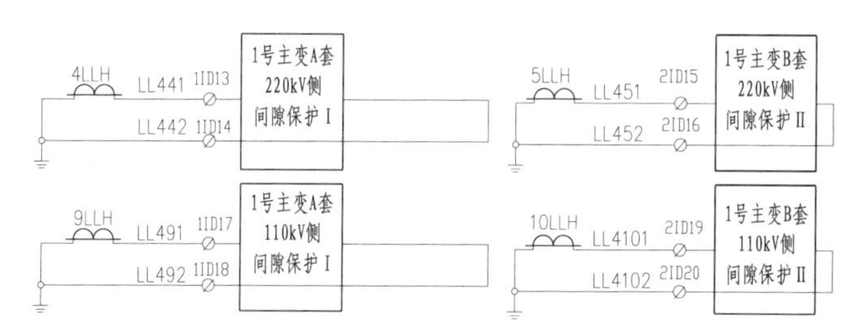

图25　1号主变压器A、B套间隙保护电流回路图

表27　主变压器220kV、110kV侧中性点放电间隙电流互感器一、二次整体组合检测表

序号	装置名称	用途	TA组别	回路编号	TA变比	电流有效值（A）	相位差角（°）
1	×××-×××	主变压器220kV间隙保护Ⅰ	5P30	LL441	400/1	0.017	356.8
				LL442		0.017	176.8

续表

序号	装置名称	用途	TA组别	回路编号	TA变比	电流有效值（A）	相位差角（°）
2	×××-×××	主变压器220kV间隙保护Ⅱ	5P30	LL451	400/1	0.017	356.8
				LL452		0.018	176.8
3	×××-×××	主变压器110kV间隙保护Ⅰ	5P20	LL491	400/1	0.031	176.2
				LL492		0.031	356.2
4	×××-×××	主变压器110kV间隙保护Ⅱ	5P20	LL4101	400/1	0.029	176.0
				LL4102		0.029	356.2

②数据分析。

检测数据表明主变压器220kV、110kV侧中性点放电间隙电流互感器二次电流与220kV侧电流相差分别在±10°、180°±10°，与理论计算预期值相符，可判断现场电流互感器极性端选择与图15要求一致。

（6）主变压器220kV、35kV绕组相关电流回路检测

①测量方法及测量数据。

将35kV Ⅰ段母线短路接地，合上图15中1G、3G、8G、9G隔离开关，将试验电压送至220kV Ⅰ段母线，合上1DL、3DL断路器，测试

220kV 侧实际试验电流为 4.145A，低压侧试验电流估算为 26.054A。

a.1 号主变压器差动保护及后备保护一、二次电流回路检测。以高压侧 A4011 回路电流为基准，按图 26 完成以下回路测试（表 28 和表 29）。

表 28　1 号主变压器 A 套差动及后备保护 220kV、35kV 侧电流量检测表

序号	装置名称	保护名称	TA 组别	回路编号	TA 变比	电流有效值（A）	相位差角（°）
1	×××-×××	差动保护 I 及后备 I	5P40	A4011	1200/1	0.003	0
				B4011		0.003	120.5
				C4011		0.003	239.3
				N4011		0.000	/
2	×××-×××	差动及后备 I（110kV 侧）	10P20	A4111	2000/1	/	/
				B4111		/	/
				C4111		/	/
				N4111		/	/
3	×××-×××	差动 I（35kV 侧）	10P20	A4191	2000/1	0.011	150.4
				B4191		0.011	270.7
				C4191		0.012	30.2
				N4191		0.001	/

备注：110kV 侧无试验电流流过，二次回路无电流。

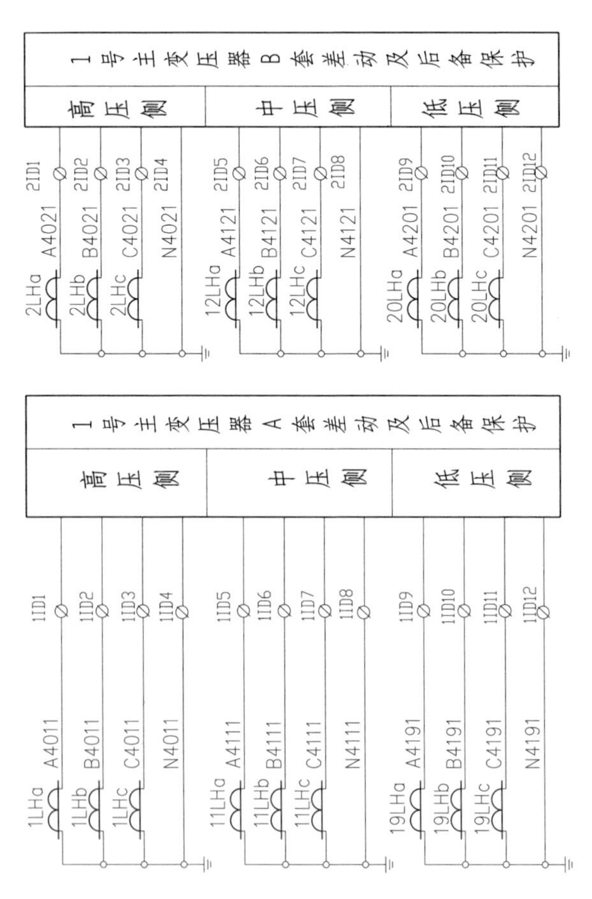

图26 1号主变压器A、B套差动及后备保护电流回路图

表 29　1 号主变压器 B 套差动及后备保护 220kV、35kV 侧电流量检测表

序号	装置名称	保护名称	TA 组别	回路编号	TA 变比	电流有效值（A）	相位差角（°）
1	×××-×××	差动保护 I 及后备 I	5P40	A4021	1200/1	0.003	0.1
				B4021		0.003	120.2
				C4021		0.003	239.9
				N4021		0.000	/
2	×××-×××	差动及后备 I（110kV 侧）	10P20	A4121	2000/1	/	/
				B4121		/	/
				C4121		/	/
				N4121		/	/
3	×××-×××	差动 I（35kV 侧）	10P20	A4201	2000/1	0.013	150.2
				B42011		0.011	271.0
				C4201		0.012	31.3
				N4201		0.001	/

备注：110kV 侧无试验电流流过，二次回路无电流。

b.1 号主变压器相关 35kV 母线保护、主变压器 35kV 侧故障录波电流回路检测（图 27 和表 30）。

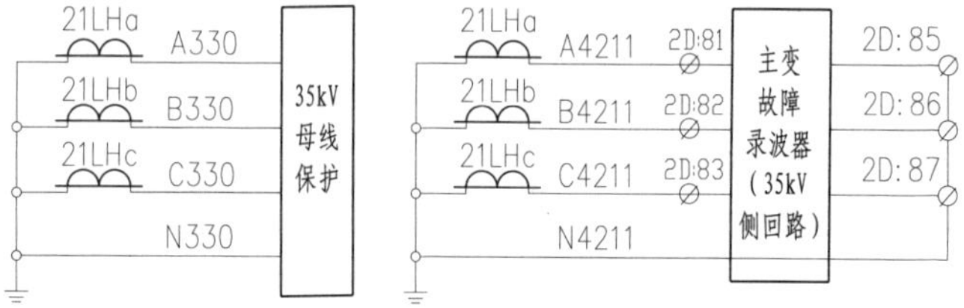

图 27　1 号主变压器相关于 35kV 母线保护、主变压器 35kV 侧故障录波电流回路图

表 30　1 号主变压器相关于 35kV 母线保护、主变压器 35kV 侧故障录波电流回路检测表

序号	装置名称	用途	TA 组别	回路编号	TA 变比	电流有效值（A）	相位差角（°）
1	×××-×××	35kV 母线保护	10P20	A4330	2000/1	0.012	150.2
				B4330		0.011	270.0
				C4330		0.011	31.8
				N4330		0.001	/
2	×××-×××	主变压器 35kV 侧故障录波	10P20	A4211G	2000/1	0.015	150.2
				B4211G		0.014	271.3
				C4211G		0.015	30.1
				N4211G		0.001	/

c.1 号主变压器相关 35kV 侧测量、计量电流回路检测。在主变压器测控屏以 220kV 侧测量 A4061 回路电流为基准，完成主变压器 35kV 侧测量电流回路检测。再以主变压器 35kV 侧测量回路为基准，完成主变压器 35kV 侧计量电流回路检测（图 28 和表 31）。

表 31　1 号主变压器相关 35kV 侧测量、计量电流回路检测表

序号	装置名称	用途	TA 组别	回路编号	TA 变比	电流有效值（A）	相位差角（°）
1	×××-×××	主变压器 35kV 侧测量	0.5S	A4221	2000/1	0.013	149.2
				B4221		0.013	270.3
				C4221		0.013	29.1
				N4221		0.000	/
2	×××-×××	主变压器 35kV 侧计量	0.2S	A4231	2000/1	0.012	0.1（A4221 为基准）
				B4231		0.012	120.0（A4221 为基准）
				C4231		0.012	239.9（A4221 为基准）
				N4231		0.000	/

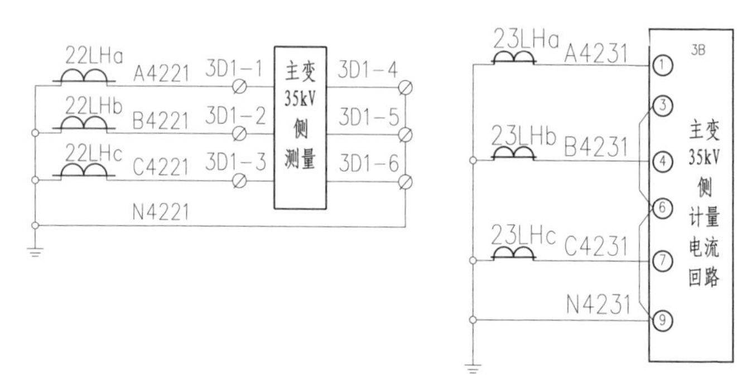

图 28　1 号主变压器相关 35kV 侧测量、计量电流回路图

②数据分析。

从检测数据可以看出，主变压器 220kV 侧电流互感器各二次绕组电流相位超前，35kV 侧电流互感器各绕组二次同名相电流相位在 150°±10°，与理论计算值相符。可判断现场电流互感器极性端选择与图 15 要求一致，满足运行要求。

4.220kV 母联单元一、二次设备整体组合检测

（1）交流电压回路检测

①检测方法及检测数据。

将试验电压同步送至 220kV Ⅰ、Ⅱ段母线，220kV Ⅰ、Ⅱ段母线电压互感器正常投入，在 220kV 母联测控装置处按表 32 完成测量。

②检测数据分析。

检测数据显示相电压、线电压示值正确，满足测量要求；220kV Ⅰ、Ⅱ段母线二次电压压差为 0.002V，压差正常，满足母联断路器检同期合闸需求（图 30）。

（2）220kV 母联单元电流回路检测

①检测方法及检测数据。

操作相关隔离开关将 220kV1 号主变压器投入 220kV Ⅱ段母线、110kV Ⅱ段母线，35kV 侧空载，110kV Ⅱ段母线短路接地，将试验电压送至 220kV Ⅰ段母线，合上图 29 中 1G、2G 隔离

开关，DL 断路器，使试验电流由 220kV Ⅰ段母线经由 220kV 母联单元流向 220kV Ⅱ段母线，再经由 220kV1 号主变压器流入 110kV 母线短路接地点。测试高压侧导体实际电流为 7.952A，以 220kV 母线及失灵保护 1“A421”电流回路为基准（确保基准回路接线正确性）完成回路检测。

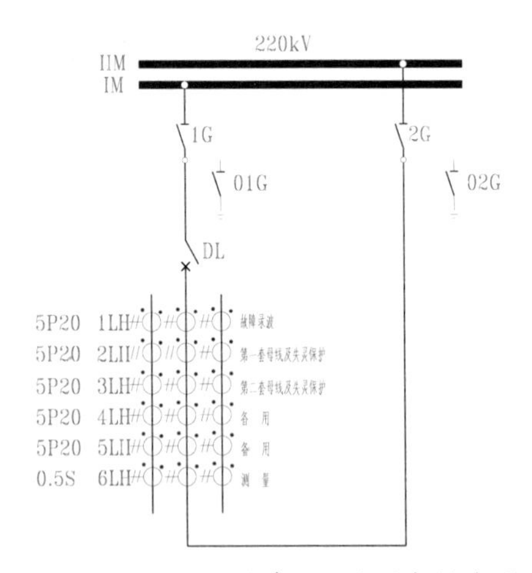

图 29 220kV 母联单元一次设备接线图

a. 220kV 母联单元相关母线及失灵保护二次电流回路检测（图 31 和表 33）。

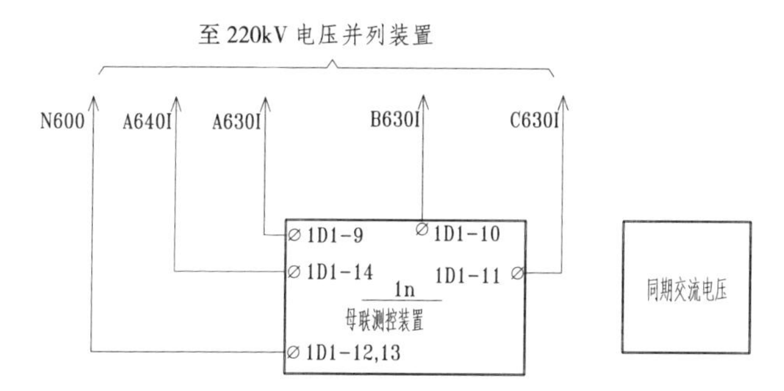

图30　220kV母联单元二次电压回路接线图

表32　220kV母联单元电压回路有效值检测记录表

序号	回路名称	回路编号	电压有效值（V）	备注
1	保护、测量电压	A630Ⅰ—N600	0.102	
		B630Ⅰ—N600	0.102	
		C630Ⅰ—N600	0.102	
		N600—地	0.000	
		A630Ⅰ—B630Ⅰ	0.177	
		B630Ⅰ—C630Ⅰ	0.177	
		C630Ⅰ—A630Ⅰ	0.177	
2	同期电压	A600Ⅰ—N600	0.102	
		A630Ⅰ—A640Ⅰ	0.002	

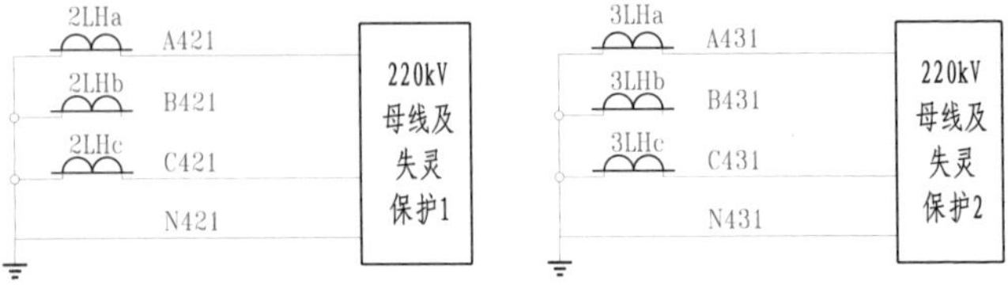

图 31　220kV 母联单元相关母线及失灵保护二次回路接线图

表 33　220kV 母联单元相关母线及失灵保护二次回路检测记录表

序号	装置型号	用途	TA 组别	回路编号	TA 变比	电流有效值（A）	相位差角（°）
1	×××-×××	母线及失灵保护	5P20	A421	1200/1	0.006	0.0
				B421		0.006	119.3
				C421		0.006	238.5
				N421		0.000	/
2	×××-×××	母线及失灵保护	5P20	A431	1200/1	0.006	0.5
				B431		0.006	121.2
				C431		0.006	239.4
				N431		0.000	/

b. 220kV 母联单元相关故障录波、测控、备用二次电流回路检测（图 32 和表 34）。

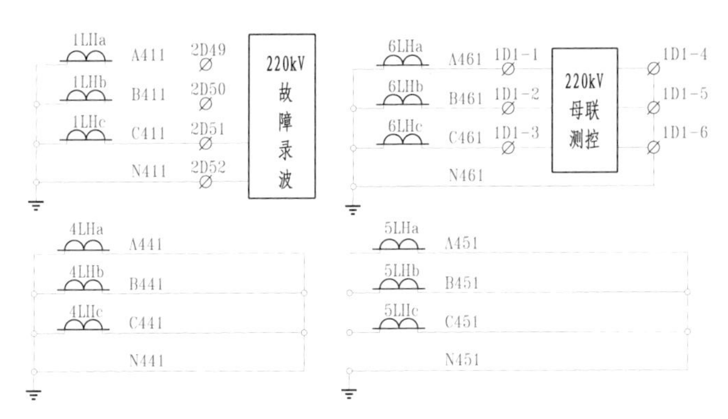

图 32　220kV 母联单元相关故障录波、测控、备用二次回路接线图

表 34　220kV 母联单元故障录波、测控、备用二次回路检测记录表

序号	装置型号	用途	TA 组别	回路编号	TA 变比	电流有效值（A）	相位差角（°）
1	×××-×××	220kV 故障录波器	5P20	A411	1200/1	0.006	1.4
				B411		0.006	120.3
				C411		0.006	240.5
				N411		0.000	/
2	×××-×××	220kV 母联测控	0.5S	A461	1200/1	0.006	0.5
				B461		0.006	120.5
				C461		0.006	240.1

续表

序号	装置型号	用途	TA组别	回路编号	TA变比	电流有效值（A）	相位差角（°）
				N461		0.000	/
3	×××-×××	无	5P20	A441	1200/1	0.006	1.0
				B441		0.006	119.8
				C441		0.006	241.0
				N441		0.000	/
4	×××-×××	无	5P20	A451	1200/1	0.006	0.9
				B451		0.006	119.5
				C451		0.006	240.7
				N451		0.000	/

②检测数据分析。

检测数据表明220kV侧母联电流互感器各二次绕组同名相电流相位差小于±10°，与预期值相符，可以判断现场电流互感器极性端选择与图29中要求一致，满足运行要求。

三、现场实施风险分析及应对措施

表 35　实施风险与应对措施

序号	工作步骤	风险描述	可能导致的后果	控制措施
1	搭接试验电源	人员触电或短路	严重人身伤亡事故	1. 严禁单人操作，工作中不得失去监护 2. 必须使用合格的测量仪表，且在有电处测试正常后再进行搭接试验工作 3. 工作中使用绝缘护具，佩戴护目镜
2	通电试验	工作过程中人员触电	人身伤亡事故	1. 与运行人员紧密配合，确保所有工作票终结，所有工作人员撤离 2. 封闭一次设备通道和上、下扶梯 3. 承受试验电压的相关母线、变压器处必须有人不间断巡视值守
3	设备检测	测试漏项	整个测试工作失败	1. 根据图纸与现场实际情况核对，提前准备测试项目表 2. 测试过程中根据现场实际情况开展工作，发现疑问立即停止工作，查明原因后再工作 3. 所有测试项目检查完毕后，结束检测工作

续表

序号	工作步骤	风险描述	可能导致的后果	控制措施
4	中性点电流互感器检测	试验电流经大地流入站用变压器	站用变压器跳闸导致站用重要负荷失电	1. 在试验前将站用负荷调走，确保提供试验电源的站用变压器无其他重要负荷 2. 试验前将主变压器有载分接开关调至最小运行方式，限制试验电流
5	卡钳式电流互感器测量电流量	误碰引发缺陷	整个测试工作失败	1. 工作中只完成测试工作，不得扩大工作范围 2. 如发现问题需要处理，在处理完成后必须重新进行试验
6	操作一次设备	运行人员误操作导致线路电流、电压“窜入”试验系统	设备严重损坏、发生人身伤亡事故	1. 线路电压互感器的测试工作须提前上报停电计划并经调度部门批准 2. 线路过长或必须接地影响测试，可拆除线路电压互感器高压引流线后再进行检测，过程中须做好记录，及时恢复 3. 制订试验方案，严控一次设备操作，严禁超范围工作，对于一经操作即可把试验电压送至高压运行系统的一次设备，必须锁死操作机构

续表

序号	工作步骤	风险描述	可能导致的后果	控制措施
				4. 根据图纸及现场实际情况，对于可能送电至运行系统的母线保护、安稳装置等运行设备的二次回路，必须隔离或拆断后根据回路性质做好电流回路的短接、电压回路的绝缘，并使用二次回路安全措施单做好记录
7	工作结束	测试线漏拆	保护装置误动、设备损坏	1. 所有试验线、短接线、测试接地线的使用地点、数量必须记录在安全措施单上 2. 工作完毕，严格按安全措施单记录，全部拆除

后　记

本工作法简单高效，应用中多次发现电流回路开路、电压回路短路的情况，特别是多次发现电压互感器开口三角回路的金属性短路，及时消除了隐患，避免了电压互感器的损毁。曾在某110kV变电站的主变压器改造现场发现了10kV一次导体A、C相接反的问题。笔者工作30年中唯一一次发现电压互感器出厂极性端标注错误也是应用这种方法，这对制造厂家来说是一个难以原谅的错误，对于现场的电气试验人员来说也是一次重大失误。

由于本工作法使用的是站用电源电压，对测量仪表的要求较高，在20世纪90年代初受当时仪表的限制无法全面完成测试。当时笔者巧妙地使用手绕20匝线圈串入电流回路，再用卡钳式电流互感器钳测手绕线圈，等效将小电流信号放大20倍，最终完成了测试，之后很多问题也是在这种情况下发现并解决的。

20世纪90年代中期由于测量仪表技术的进步，上述情况已不会再出现。近年来，随着高阻抗变压器大量应用，为了限制日益增大的系统短路电流，给此测试方法带来了新挑战，特别是在500kV变电站，按此加压方法开展试验，变压器能提供的短路电流非常有限，电压互感器提供的二次电压更加微弱，为此我们应用了便携式三相自耦调压器进行升压，仍可以完成测试任务。从500kV变压器中压侧升压完成测试也是一种可行的方法，但仍需使用调压器以便更好地控制试验电流的大小。考虑到500kV变电站的重要性，当前多使用专用升压、升流变压器完成测试，由于基本测试原理没有发生改变，故笔者相信本工作法仍有价值，故而在此作了详细介绍。在本工作法的基础上，如果有条件，可使用三相调压器，从零压开始升压，控制好输出功率，则效果更好。如果能在三相调压器的基础上再增加大功率稳压电源、隔离变压器，则效果更佳。

笔者深知创新无止境，本工作法不可能是最好的工作方法，在供大家参考的同时更希望通过大家的努力找到更科学、更安全、更高效的工作方法。

2024 年 6 月

图书在版编目（CIP）数据

李辉工作法：用试验电压检测变电站一、二次设备交流回路整体组合工况 / 李辉著. -- 北京：中国工人出版社，2024. 7. -- ISBN 978-7-5008-8482-8

Ⅰ. TM77-62

中国国家版本馆CIP数据核字第202415AK60号

李辉工作法：用试验电压检测变电站一、二次设备交流回路整体组合工况

出 版 人　董　宽
责任编辑　魏　可
责任校对　张　彦
责任印制　栾征宇
出版发行　中国工人出版社
地　　址　北京市东城区鼓楼外大街45号　邮编：100120
网　　址　http://www.wp-china.com
电　　话　（010）62005043（总编室）
　　　　　（010）62005039（印制管理中心）
　　　　　（010）62379038（职工教育编辑室）
发行热线　（010）82029051　62383056
经　　销　各地书店
印　　刷　北京市密东印刷有限公司
开　　本　787毫米×1092毫米　1/32
印　　张　3.75
字　　数　45千字
版　　次　2024年10月第1版　2024年10月第1次印刷
定　　价　28.00元

优秀技术工人百工百法丛书

第一辑　机械冶金建材卷

优秀技术工人百工百法丛书

第二辑　海员建设卷